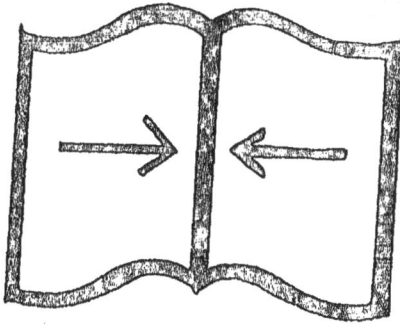

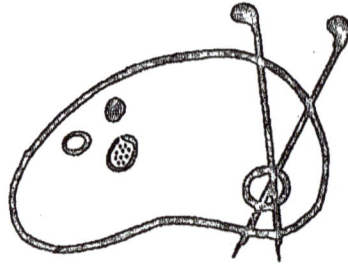

Couvertures supérieure et inférieure
en couleur

Bibliothèque Littéraire de Vulgarisation Scientifique

SCIENCES APPLIQUÉES

LES
LIVRES D'OR
DE LA
SCIENCE

C. RUCKERT

LA PHOTOGRAPHIE DES COULEURS

PETITE
ENCYCLOPÉDIE
POPULAIRE
ILLUSTRÉE
DES SCIENCES, DES LETTRES & DES ARTS.

PARIS
LIBRAIRIE C. REINWALD
SCHLEICHER FRÈRES ÉDITEURS
15, RUE DES SAINTS-PÈRES, 15

No 20

1 fr. net

1re Série. VOLUMES EN VENTE.

No 1 : *Section historique* . . . . J. AVRILE . . . . . Le Panorama des Siècles (Aperçu d'histoire universelle).
No 2 : *Section ethnographique* . . . . EDMOND PLAUCHUT . . Les Races Jaunes : les Célestes.
No 3 : *Section sciences appliquées* . L. AUBERT . . . . . . La Photographie de l'invisible, les Rayons X (suivi d'un glossaire).
No 4 : *Section industrielle* . . . . . F. CHESTER . . . . . Histoire et rôle du Bœuf dans la Civilisation.
No 5 : *Section préhistorique* . . . . STÉPHANE SERVANT. . . La Préhistoire de la France.
No 6 : *Section d'histoire naturelle.* EMILE DESCHAMPS. . . . La Vie Mystérieuse des Mers.
No 7 : *Section artistique* . . . . . PAUL GINISTY . . . . La Vie d'un Théâtre.
No 8 : *Section littéraire.* . . . . . FRÉDÉRIC LOLIÉE . . . Tableau de l'Histoire littéraire du Monde
No 9 : *Section des professions* . . . Dr MICHAUT . . . . . Pour devenir Médecin.
No 10 : *Section médicale* . . . . . Dr J. DE FONTENELLE. . . Les Microbes et la Mort.
No 11 : *Section des sciences générales.* M. GRIVEAU . . . . . . Les Feux et les Eaux.
No 12 : *Section d'économie sociale* . . CH. RICHET. . . . . . . Les Guerres et la Paix.

2e Série. — **2e Série.**

No 13 : *Section littéraire* . . . . . L. MICHAUD D'HUMIAC. . . Les Grandes Légendes de l'Humanité.
No 14 : *Section des professions.* . . . L. BERTHAUT . . . . . . La Mer, les Marins et les Sauveteurs.
No 15 : *Section géographique* . . . . GÉSA DARAUSY . . . . . Les Pyrénées Françaises.
No 16 : *Section industrielle* . . . . LOUIS DELMER . . . . . Les Chemins de fer.
No 17 : *Section des professions* . . . RENÉ LAFON . . . . . . Pour devenir Avocat.
No 18 : *Section médicale* . . . . . Dr SICARD DE PLAUZOLES. La Tuberculose
No 19 : *Section sciences appliquées* . Dr FOVEAU DE COURMELLES. L'Électricité et ses Applications.

PRIX DE SOUSCRIPTION :

A la 1re Série : 12 premiers volumes parus | A la 2e série : Volumes 13 à 24 (sous presse)
PARIS : 11 fr. — Départements et Étranger : 12 fr. *franco* | PARIS : 10 fr. — Départements et Étranger : 12 fr. *franco*
Ajouter 6 francs pour recevoir les volumes reliés toile rouge.

Les demandes doivent être accompagnées d'un mandat-poste

La Photographie des Couleurs

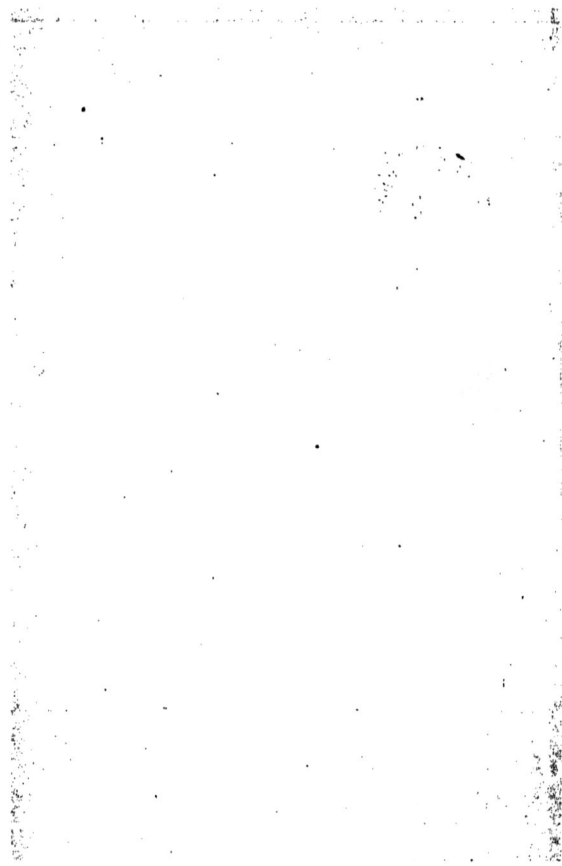

LES LIVRES D'OR DE LA SCIENCE

La Photographie des Couleurs

SUIVI D'UN GLOSSAIRE

PAR

C. RUCKERT

Avec 41 Figures dans le texte
et quatre Planches en couleurs hors texte

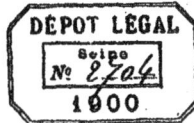

PARIS

LIBRAIRIE C. REINWALD

SCHLEICHER FRÈRES, ÉDITEURS

15, Rue des Saints-Pères, 15

1900

Droits de traduction et de reproduction réservés pour touslespays,
y compris la Suède et la Norwège

LA PHOTOGRAPHIE DES COULEURS

NOTIONS GÉNÉRALES

SUR LES COULEURS

Spectre solaire. — Décomposition et recomposition de la lumière. — Mélange des couleurs spectrales. — Couleurs spectrales complémentaires.

La lumière blanche que nous envoie le soleil ou une source de lumière quelconque, n'est pas simple, contrairement à ce qu'on pourrait croire au premier abord. Elle est formée par la superposition d'une infinité de lumières élémentaires, ayant chacune une couleur différente, comme l'a montré Newton.

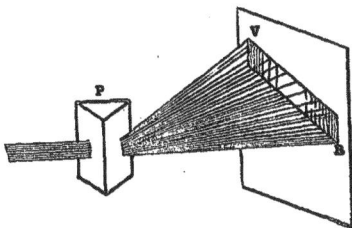

Fig. 1. — Spectre solaire.

Si dans une pièce obscure on dirige un faisceau de lumière sur un prisme P (*fig.* 1), le faisceau lumineux en sort dévié, étalé et nuancé de vives couleurs ; si un écran blanc reçoit cette lumière dispersée par son passage à travers le prisme, il se peint sur lui une image allongée VR présentant les diverses couleurs de l'arc-en-ciel ; c'est à cette image qu'on donne le nom de *spectre* ; si c'est la lumière du soleil qu'on envoie sur le spectre, l'image est appelée *spectre solaire*.

Les teintes du spectre se suivent et se fondent insensiblement l'une dans l'autre ; cependant on a l'habitude, pour faciliter le langage, de répartir cette infinité de colorations en sept nuances principales : rouge, orangé, jaune, vert, bleu, indigo, violet.

Si on emploie pour décomposer la lumière solaire un prisme assez puissant, le faisceau lumineux traversant une fente très étroite avant de tomber sur ce prisme et si on examine le spectre avec une lunette, on constate qu'il n'est pas continu, mais sillonné par un certain nombre de raies obscures, inégalement réparties sur toute la longueur du spectre. Ces raies, étudiées principalement par Frauenhofer, occupent toujours la même place ; aussi servent-elles de points de repère pour désigner telle ou telle région du spectre ; chacune d'elles est appelée par une lettre de l'alphabet : leur ensemble forme une sorte de portée naturelle sur laquelle est inscrite la gamme des couleurs. C'est ainsi que le rouge s'étend de la raie A jusqu'un peu au delà de la raie C ; que l'orangé, dans lequel on peut distinguer des régions rouge orangé, orangé proprement dit, et jaune orangé, s'étend de la raie C à la raie D, etc. (*fig. 2*).

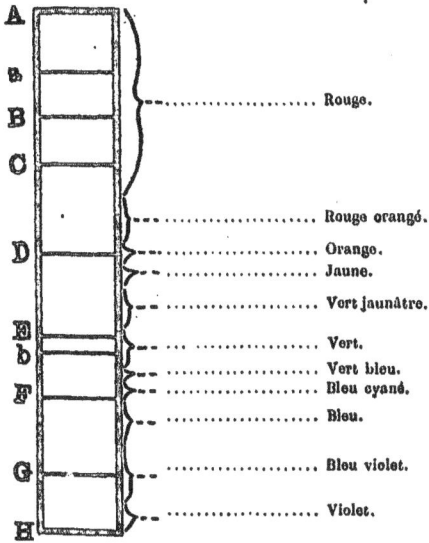

A
a
B
C

D

E
b
F

G

H

.... Rouge.

.... Rouge orangé.
.... Orange.
.... Jaune.
.... Vert jaunâtre.
.... Vert.
.... Vert bleu.
.... Bleu cyané.
.... Bleu.

.... Bleu violet.

.... Violet.

Fig. 2. — Couleurs du spectre.

Lorsque l'on a décomposé la lumière blanche en ses couleurs simples, il est aisé de reproduire la lumière blanche en mélangeant les différentes couleurs qui la composent. Newton a indiqué de nombreux procédés permettant cette recomposition. L'un des plus simples consiste à recueillir les sept principales lumières colorées du spectre sur sept petits miroirs orientés de manière à les réfléchir toutes en un même point où elles reforment la lumière blanche.

Un autre procédé consiste à faire tourner rapidement un disque divisé en sept secteurs présentant respectivement les sept couleurs principales du spectre ; grâce à la persistance des impressions sur la rétine, lorsque le disque tourne assez vite, l'œil voit en même temps les sept nuances et la

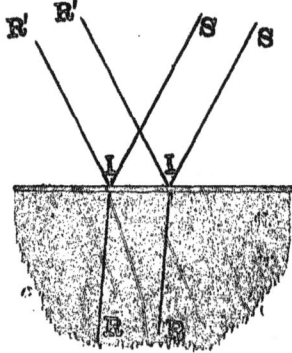

Fig. 3.

sensation résultante est celle que produit la lumière blanche.

Qu'est-ce qui différencie les couleurs les unes des autres ?

Quand un faisceau de lumière monochroma-

tique (rouge, par exemple) rencontre la surface de
séparation S S de deux milieux différents, passe
par exemple de l'air dans l'eau ou dans le verre,
une portion II C D retourne dans le premier
milieu, *est réfléchie;* une seconde portion II E F
pénètre dans le second milieu ; elle est dite portion *réfractée.* Le faisceau qui pénètre dans le
second milieu est dévié de sa direction primitive.
Newton a montré que les diverses lumières
colorées étaient inégalement déviées par la réfraction; c'est à ces différences de déviation, de
réfrangibilité comme on dit, qu'est due la décomposition de la lumière blanche par le prisme. Le
rouge est la couleur la moins déviée, la moins
réfrangible, le violet la couleur la plus déviée, la
plus réfrangible.

Pendant longtemps on a admis, avec Newton,
que la lumière consistait en de petites particules
lancées avec une vitesse énorme par les corps
lumineux et suffisamment fines pour traverser les
pores des milieux transparents ; en particulier
c'est en venant frapper le nerf optique après avoir
traversé les milieux de l'œil que ces corpuscules
produiraient la sensation lumineuse.

Malheureusement cette *théorie de l'émission* ne
permettait pas d'expliquer un certain nombre de
phénomènes ; aussi lui a-t-on substitué la *théorie
des ondulations,* universellement acceptée aujour-
d'hui, due à Thomas Young et confirmée par les
travaux d'Augustin Fresnel. La lumière est considérée comme due à des vibrations se propageant
par ondes comme le fait le son ; seulement,
l'énorme vitesse avec laquelle se propage la

lumière exige que cette propagation se fasse dans un milieu de très faible densité et parfaitement élastique ; l'air n'est donc pas le véhicule de la lumière comme il est le véhicule du son. On a donc dû supposer l'existence d'un fluide particulier, l'*éther lumineux* qui remplit tout l'espace, entoure les atomes de tous les corps. Un corps lumineux est un corps dont les molécules vibrent ; ces vibrations se communiquent à l'éther qui les propage par ondulations, comme l'air propage le son. Seulement tandis que pour le son les particules d'air oscillent dans la direction même selon laquelle il est transmis, pour la lumière les particules d'éther oscillent perpendiculairement à la direction de propagation. C'est ce qu'on exprime en disant que les vibrations sonores sont *longitudinales*, tandis que les vibrations lumineuses sont *transversales*. On a une idée de ce qu'est la propagation des ondes lumineuses en la comparant à la propagation des ondes liquides provoquées par une pierre jetée à la surface d'une eau tranquille.

La couleur est à la lumière ce que la hauteur est au son ; or la hauteur d'un son ne dépend que du nombre des vibrations par seconde du corps qui le produit. C'est ainsi que le rouge correspondrait aux notes graves, le violet aux notes aiguës.

On a pu déterminer le nombre des vibrations par seconde correspondant à chacune des couleurs du spectre, nombre représenté par des millions de millions, comme le montre le tableau suivant :

Rouge 497.000.000.000.000
Orangé 528.000.000.000.000
Jaune......... 529.000.000.000.000
Vert......... 601.000.000.000.000
Bleu......... 648.000.000.000.000
Indigo........ 686.000.000.000.000
Violet........ 728.000.000.000.000

MÉLANGE DES COULEURS SPECTRALES. — De même qu'en mélangeant toutes les couleurs du spectre on obtient de la lumière blanche, de même, en mélangeant seulement un certain nombre de couleurs spectrales, on obtient une lumière colorée dont la teinte dépend des couleurs mélangées. Il est facile de connaître le résultat de toutes les combinaisons possibles en produisant deux spectres et les superposant. Helmholtz a donné dans son *Optique physiologique* un tableau renfermant tous ces résultats, tableau que nous reproduisons ci-contre.

COULEURS COMPLÉMENTAIRES. — On remarquera dans ce tableau que certaines couleurs donnent par leur mélange non pas une nouvelle couleur, mais du blanc. Ce sont :

Le vert bleu et le rouge,
Le bleu et l'orangé,
L'indigo et le jaune,
Le violet et le jaune verdâtre.

De telles couleurs sont dites *couleurs complémentaires.*

Les mélanges indiqués sur le tableau sont obtenus par *addition* des lumières colorées ; nous verrons que l'on peut aussi opérer ces mélanges par *soustraction*, mais qu'alors les résultats obtenus sont différents.

	VIOLET.	INDIGO.	BLEU.	VERT BLEU.	VERT.	JAUNE VERT.	JAUNE.
ROUGE.	Pourpre.	Rose foncé.	Rose clair.	Blanc.	Jaune clair.	Jaune d'or.	Orangé.
ORANGÉ.	Rose foncé.	Rose clair.	Blanc.	Jaune clair.	Jaune.	Jaune.	
JAUNE.	Rose clair.	Blanc.	Vert clair.	Vert clair.	Jaune vert.		
JAUNE VERT.	Blanc.	Vert clair.	Vert clair.	Vert.			
VERT.	Bleu clair.	Bleu.	Bleu vert.				
VERT BLEU.	Bleu.	Bleu.					
BLEU.	Indigo.						

COULEURS DES CORPS

Couleurs par absorption. — Couleurs pigmentaires. — Mélange des couleurs pigmentaires. — Couleurs fondamentales. — Couleurs dues aux interférences.

COULEURS PAR ABSORPTION. — La plupart des corps ont la propriété d'absorber soit totalement, soit partiellement la lumière qui les traverse ; cette absorption est inégale pour les diverses couleurs du spectre. Un corps qui, interposé entre une source lumineuse et l'œil, absorbe entièrement toutes les couleurs émises par cette source, est noir ; s'il les absorbe toutes, mais non totalement, il nous paraît gris.

Un corps qui ne se laisse traverser que par une seule couleur du spectre, présente cette couleur. Prenons par exemple un morceau de verre *rouge* et posons-le à plat sur du drap noir mat et examinons-le à la lumière ordinaire du jour ; il nous renvoie à l'œil de la lumière blanche, tout comme le ferait un morceau de verre blanc mis à sa place ; mais, pour peu que nous le soulevions, nous apercevons sa couleur rouge. Dans le premier cas nous ne recevions que la lumière réfléchie par la face supérieure du verre, dans le second la lumière qui a traversé le verre ; or celui-ci absorbe toutes les couleurs du spectre sauf le rouge qui seul vient frapper notre rétine. Il est facile de le vérifier : si nous projetons un spectre sur un écran et interposons notre verre rouge sur le trajet du faisceau lumineux produisant le spectre, ce dernier se réduit à une bande rouge.

Il en serait de même si nous avions pris un verre bleu, un verre vert, etc.

Mais il est bien rare que le phénomène soit aussi simple ; le plus souvent, les diverses couleurs constituant la lumière blanche sont inégalement absorbées ; plusieurs traversent le corps examiné et sa teinte n'est autre que la couleur obtenue par le mélange des couleurs simples qui l'ont traversé. C'est ainsi que, le plus souvent, un verre jaune laisse passer non seulement la lumière jaune du spectre, mais encore une partie du vert et de l'orangé, qu'un verre vert laisse passer un peu de rouge, le jaune, le vert, un peu de bleu et de violet... etc.

L'absorption d'une lumière déterminée par un corps transparent est d'autant plus prononcée que le corps est plus épais ; c'est ce qui explique le changement de coloration d'un corps quand on l'examine sous plusieurs épaisseurs. C'est ainsi que de la lumière blanche qui a traversé un verre jaune paraît jaune à la sortie ; si nous superposons deux verres identiques au premier, la lumière qui les a traversés non seulement est moins intense mais encore présente une nuance différente de celle qui n'a traversé qu'un seul verre. Si nous superposons six à huit de ces verres, la lumière transmise devient orangée ; elle est rouge foncé si nous superposons un nombre suffisant de verres jaunes. C'est ainsi qu'une petite quantité d'eau,

telle que celle qui remplit un verre à boire, paraît
incolore, alors que, vue par transparence, une
masse d'eau de 2 à 3 mètres d'épaisseur paraît
bleuâtre.

Les colorations que présentent les corps opaques
s'expliquent de la même manière que celles des
corps transparents : les corps diffusent inégalement les diverses lumières colorées du spectre.
Un corps qui n'en diffuse aucune est noir; un
corps qui les diffuse toutes, sans absorption
aucune, paraît blanc; un corps qui les absorbe
toutes également, mais non complètement, est
gris; la couleur d'un corps est due en résumé au
mélange des couleurs du spectre qu'il n'absorbe
pas.

Il résulte de ces faits que la couleur d'un corps
varie avec la nature de la source lumineuse qui
l'éclaire; si cette lumière n'émet qu'une partie
des lumières colorées du spectre solaire, la couleur d'un corps est en général différente selon
qu'il est éclairé par le soleil ou par cette source.

C'est ce qu'il est facile de montrer en prome-
nant divers objets colorés dans les différentes
régions du spectre : un corps noir paraît noir
dans toutes, un ruban rouge ne paraît rouge que
dans le rouge; dans le vert, le bleu, etc., il paraît
noir; un objet blanc prend la couleur de la région
du spectre où on le met.

COULEURS PIGMENTAIRES. — Nous avons déjà
dit qu'un verre jaune laisse passer avec la lumière
jaune, de la lumière orangée et de la lumière
verte, qu'un verre bleu laisse passer du vert et de
l'indigo. Il en résulte que si l'on met l'un contre

l'autre un verre bleu et un verre jaune la lumière
transmise paraît verte, le vert étant la seule couleur capable de traverser les deux verres. Or,
nous avons vu que, par addition, les lumières colorées verte et bleue donnaient du blanc; ici il n'y
a plus addition, mais *soustraction*.

Il en est de même quand on mélange deux poudres colorées bleue et jaune, quand le peintre
mélange du bleu et du jaune sur sa palette.

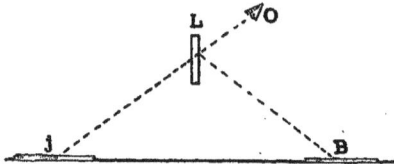

Fig. 4. — Mélange de couleurs pigmentaires.

L'œil placé en O, voyant à la fois le papier
bleu B (par réflexion sur la lame de verre L) et
le papier jaune J à travers le verre L, a la sensation du *vert*.

On donne souvent le nom de *couleurs pigmentaires* à de telles couleurs, par opposition aux
lumières colorées ou radiations. Comme on le voit,
le mélange d'un certain nombre de couleurs pigmentaires ne donne pas un résultat identique au
mélange des radiations de même couleur.

COULEURS FONDAMENTALES. — De tout temps
les peintres ont remarqué qu'il suffisait de trois
couleurs, convenablement choisies, pour reproduire tous les tons que nous présente la nature;

il suffit pour cela de les mélanger en proportions variables.

En particulier on doit pouvoir reproduire le blanc par le mélange des trois couleurs fondamentales. Les nombreuses recherches faites sur ce sujet ont montré que, s'il s'agit des lumières colorées, les trois couleurs fondamentales sont le rouge, le vert et le violet, mais que s'il s'agit des couleurs pigmentaires, on doit choisir le rouge, le jaune et le bleu.

Maxwell a montré qu'avec un rouge, un vert et un violet bien choisis dans le spectre on pouvait reproduire toutes les couleurs simples du spectre; il a, d'ailleurs, pu mesurer pour chacune d'elles la proportion des trois couleurs fondamentales donnant *par addition* une coloration équivalente.

Les propriétés des trois couleurs fondamentales ont suggéré à Young une ingénieuse théorie de la vision des couleurs qui, longtemps acceptée, semble aujourd'hui de plus en plus abandonnée.

D'après lui, il existerait dans la rétine trois espèces différentes de fibres nerveuses, chacune d'elles n'étant sensible qu'à une seule des trois couleurs fondamentales. Si les trois catégories de fibres nerveuses sont simultanément impressionnées avec la même énergie, on a la sensation du blanc. L'existence des daltoniens semble confirmer la théorie de Young; on attribue la propriété qu'ont certaines personnes de confondre le rouge avec le vert, à une paralysie des nerfs sensibles au rouge (*anérythropsie*); on sait qu'il existe aussi

2

des daltoniens pour le vert; mais ils sont bien plus rares.

COULEURS D'INTERFÉRENCE. — En dehors des couleurs dues à l'absorption, la nature nous offre des couleurs beaucoup plus belles, mais aussi bien plus rares. Qui ne s'est étonné déjà de voir à la surface d'une plaque de cette boue immonde des grandes villes une tache irisée de mille couleurs vives et lumineuses, perle nacrée perdue au milieu du fumier? Et pourtant, il n'y a là aucune matière colorante; ce sont des « couleurs d'apparence » dues à ce qu'on appelle le phénomène des lames minces. Si on dépose une goutte d'huile à la surface de l'eau, elle s'étale en nappes de grande étendue, et par suite d'une minceur extrême inférieure même au $\dfrac{1}{1.000}$ de millimètre. Une lame mince se revêt à la lumière d'une apparence colorée, chatoyante et du plus bel effet, comme on le voit en particulier sur une bulle de savon; celle-ci montre que les nuances varient avec l'épaisseur de la bulle et se présentent, au fur et à mesure qu'elle s'amincit, dans l'ordre suivant : rouge, orangé, jaune, bleu, vert, violet.

Ces colorations dites « couleurs d'interférence » sont produites par un mode particulier de décomposition de la lumière blanche, causé par une perturbation subie dans sa marche, à la rencontre de deux faces d'une lame dont l'épaisseur est de l'ordre de grandeur des ondulations par lesquelles la lumière se propage. Parmi ces couleurs, dont la caractéristique est de changer

de nuance avec la position de l'œil qui le regarde, nous citerons celle de la gorge et de la
queue du paon, de l'oiseau-mouche, celles des
pellicules bleues qu'on produit souvent à dessein
sur l'acier par une légère oxydation artificielle.

NOTIONS GÉNÉRALES DE PHOTOGRAPHIE

Principes de la photographie.— Procédé au gélatino-bromure. — Impressions photochimiques. — Impressions photoméca: iques.

Les diverses lumières colorées qui composent la lumière blanche se distinguent non seulement par les sensations différentes que nous percevons quand elles frappent notre rétine mais encore par l'action qu'elles exercent sur les corps. Quand un faisceau de lumière frappe un corps, celui-ci, nous l'avons vu, réfléchit une partie de cette lumière et en absorbe le reste. La partie absorbée peut soit modifier l'état du corps, soit quitter petit à petit le corps qui parfois devient lumineux dans l'obscurité; ce sont alors les phénomènes de luminescence, dits fluorescence quand ils sont de courte durée, phosphorescence quand ils durent longtemps. Les diverses lumières colorées du spectre ne sont pas également susceptibles de produire ces phénomènes; ce sont principalement les radiations bleues et violettes qui provoquent les phénomènes de phosphorescence.

Les actions chimiques produites par la lumière sont bien connues de tous. Qui n'a remarqué le brunissement de la peau au soleil, ainsi que l'altération de nombreuses couleurs? les anciens avaient déjà remarqué ces faits : « Pline, cent ans après Jésus-Christ, Vitruve cent ans avant, mentionnent que le soleil altère les couleurs. Vitruve recommande en conséquence de placer les tableaux de préférence du côté du nord, et, bien avant lui, les teinturiers phéniciens avaient reconnu que les rayons du soleil rendaient plus éclatante la teinture de la pourpre, et, bien avant eux, les petites maîtresses de tous les pays, et de tout temps, n'ont-elles pas cherché à garantir leur teint des baisers du soleil (1)? »

Mais l'observation la plus intéressante de ces actions est celle que fit en 1505 l'alchimiste Fabricius. Ce fut lui qui remarqua le premier qu'un minéral de couleur blanche que les alchimistes appelaient lune cornée, noircissait à la lumière. Cette lune cornée est le corps que les chimistes d'aujourd'hui appellent chlorure d'argent. Tous les sels d'argent jouissent de la même propriété. Parmi eux, le bromure et l'iodure d'argent méritent une mention toute particulière. Il faut les exposer très longtemps à la lumière pour obtenir leur noircissement qui n'est jamais aussi prononcé que celui du chlorure. Par contre, lorsqu'on les a soumis un temps très court à la lumière, ils ont acquis la propriété de noircir quand on les plonge dans un bain convenable, dit *bain révélateur*.

C'est cette action curieuse de la lumière qui

(1) DAVANNE, *Invention et applications de la photographie*. Conférence faite au Conservatoire national des Arts et Métiers le 22 novembre 1894.

demeure invisible jusqu'à ce qu'on ait fait agir le
révélateur qui est utilisé dans les procédés
photographiques.

Léonard de Vinci observa le premier la formation des images dans la chambre noire. Si on
pratique une petite ouverture dans le volet d'une
chambre noire, on voit sur le mur opposé se
peindre une image des objets extérieurs.

Cette image est grossière, manque de netteté ;
mais Jean-Baptiste Porta, en répétant l'expérience
de Léonard de Vinci, remarqua que les images
devenaient plus nettes si l'on fermait l'ouverture
au moyen d'une lentille, mais qu'elles n'étaient
bien nettes qu'à la condition que le mur soit à
une distance convenable de l'ouverture ; il fut
amené ainsi à construire une chambre noire portative dont le fond pouvait à volonté être rapproché ou éloigné de la lentille ; telle est l'origine
de la chambre noire du photographe, dont la
lentille constitue l'objectif.

Bien que, comme on le voit, les deux phénomènes sur lesquels est fondée la photographie, le
phénomène de la chambre noire d'une part,
celui du noircissement du chlorure d'argent à la
lumière d'autre part, aient été connus depuis
longtemps, il faut arriver à l'année 1839 pour en
trouver l'utilisation.

Et cependant, de nombreux rêveurs y avaient
pensé ; tel est le Normand Tiphaine de la Roche
qui, en 1760, dans un ouvrage intitulé *biphantie*,
se suppose transporté dans le palais des « Génies
élémentaires » où le chef lui dit :

« Tu sais que les rayons de lumière réfléchis des différents corps font tableau et peignent ces corps sur toutes les surfaces polies, sur la rétine de l'œil, par exemple, sur l'eau, sur les glaces. Les esprits élémentaires ont cherché à fixer ces images passagères, ils ont composé une matière très subtile, très visqueuse et très prompte à se dessécher et à se durcir, au moyen de laquelle un tableau est fait en un clin d'œil. Ils en enduisent une pièce de toile et la présentent aux objets qu'ils veulent peindre : le premier effet de la toile est celui du miroir ; on y voit tous les corps voisins et éloignés dont la lumière peut apporter l'image.

« Mais ce qu'une glace ne saurait faire, la toile, au moyen de son enduit visqueux, retient les simulacres. Le miroir vous rend fidèlement les objets, mais n'en garde aucun ; nos toiles ne les rendent pas moins fidèlement, mais les gardent tous. Cette impression des images est l'affaire du premier instant où la toile les reçoit. On l'ôte sur-le-champ, on la place dans un endroit obscur ; une heure après, l'enduit est desséché et vous avez un tableau d'autant plus précieux qu'aucun art ne peut en imiter la vérité et que le temps ne peut, en aucune manière, l'endommager. Nous prenons dans leur source la plus pure, dans le corps de la lumière, les couleurs que les peintres tirent de différents matériaux que le temps ne manque jamais d'altérer. La précision du dessin, la variété de l'impression, les touches plus ou moins fortes, la gradation des nuances, les restes de la perspective, nous abandonnerons tout cela à la nature, qui, avec cette marche sûre qui jamais ne se démentit, trace sur nos toiles des images qui en imposent aux yeux et font douter à la raison si ce qu'on appelle réalités ce ne sont pas d'autres fantômes qui en imposent aux yeux, à l'ouïe, au toucher, à tous les sens à la fois. »

L'esprit élémentaire entra ensuite dans quelques détails physiques : premièrement sur la nature du corps gluant qui intercepte et garde les rayons ; secondement sur les difficultés de le préparer et de l'employer ; troisièmement sur le jeu de la lumière et de ce corps desséché ; trois problèmes que je propose aux physiciens de nos jours et que j'abandonne à leur sagacité.

Comme on le voit, Tiphaine devina même la photographie des couleurs.

Nous laisserons de côté la partie historique

pour rappeler sommairement les principaux procédés photographiques actuellement employés.

La chambre noire de J.-B. Porta a été notable-

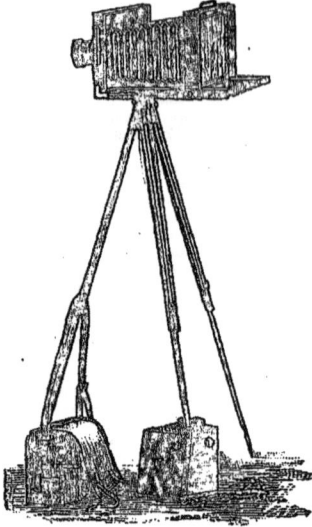

Fig. 5. — Appareil photographique.

ment perfectionnée ; on l'a rendue plus portative
et moins encombrante ; la simple lentille qui lui
servait à former les images a été remplacée par
des objectifs, composés de plusieurs lentilles, et

donnant des images beaucoup plus nettes et plus lumineuses.

On se sert comme substances sensibles de plaques au gélatino-bromure d'argent. Pour les préparer, on mélange deux solutions de gélatine renfermant l'une des bromures solubles, l'autre de l'azotate d'argent ; il se forme, par suite du mélange du bromure d'argent au sein de la masse

Fig. 6. — Cliché négatif (*H. Emery*).

gélatineuse qui devient alors l'*émulsion au gélatino-bromure d'argent*. Si on examine au microscope cette émulsion, on aperçoit très bien les grains de bromure d'argent.

Cette émulsion est étendue soit sur verre (plaques), soit sur pellicules de collodion ou de celluloïd (pellicules), soit sur papier.

Les surfaces sensibles ainsi préparées, une fois sèches, se conservent plusieurs années.

Pour obtenir une photographie, on commence par mettre une de ces plaques ou pellicules dans une sorte d'étui, appelé *châssis négatif*, qui met la plaque à l'abri de la lumière; ce châssis peut se placer à l'arrière de la chambre noire, de manière qu'en ouvrant un volet, la surface sensible regarde l'objectif et reçoive l'image qu'il forme des objets placés devant la chambre noire.

Les parties éclairées de ces objets envoient de la lumière qui, après avoir traversé l'objectif, vient impressionner la plaque sensible; mais cette impression, nous l'avons vu, n'est pas visible; il faut plonger la plaque dans un bain convenable, dit *bain révélateur*, pour faire apparaître cette impression latente qui se traduit alors par des noirs. Au contraire, les parties obscures de l'original n'envoyant aucune lumière n'impressionnent pas la plaque. Il en résulte que les blancs du sujet sont représentés sur la plaque développée par des noirs, les parties noires par des blancs. C'est ce qu'on exprime en disant qu'on obtient ainsi une *image négative*. En la plongeant dans un bain de fixage qui dissout tout le sel sensible à la lumière, l'image devient inaltérable à la lumière.

Cette image négative est un type (phototype) qui permet de tirer autant d'épreuves ou phototypies positives que l'on veut. Il suffit, en effet, de placer au-dessous de ce *cliché négatif* une surface susceptible de noircir à la lumière; afin que le contact soit bien assuré, on se sert de châssis particuliers dits châssis-presses.

La lumière ne pouvant passer qu'à travers les

blancs du cliché, c'est seulement sous les blancs
que la surface noircit; comme ces blancs corres-
pondent aux noirs de l'original, ceux-ci sont réellement représentés par des noirs sur l'épreuve,
qui est dite *épreuve positive.*

Il existe un très grand nombre de procédés de

Fig. 7. — Épreuve positive.

tirage des épreuves positives. On les divise en
impressions photochimiques et impressions photomécaniques.

Parmi les impressions photochimiques, les plus
usitées sont celles dans lesquelles on utilise le
noircissement à la lumière du chlorure d'argent.
On forme ce sel, en mélangeant une solution d'un
chlorure soluble et une solution d'azotate d'argent, soit à la surface même du papier (papier
salé), soit à l'intérieur d'un véhicule qui est de
l'albumine, du collodion ou de la gélatine. Dans

le cas du collodion ou de la gélatine, on fabrique une émulsion au collodio-chlorure ou au gélatino-chlorure qu'on étend soit sur papier, soit sur verre, si on veut avoir des épreuves transparentes.

Les substances colloïdes (gélatine, colles, gomme arabique, etc.), additionnées de bichromate de potasse ou d'ammoniaque, soumises à l'action de la lumière, subissent dans leurs propriétés des changements susceptibles de servir de base à un grand nombre de procédés d'impressions photographiques.

1° Certaines matières, telles que le sucre, le miel, etc., hygroscopiques, c'est-à-dire attirant l'humidité, perdent cette propriété quand on les expose à la lumière, additionnées de bichromates. Or, à l'état humide, ces substances ont un pouvoir adhésif assez puissant pour fixer des poudres impalpables.

On utilise cette propriété dans les procédés dits par *saupoudrage*. On étend sur verre un sirop composé d'un mélange de ces substances, d'eau et de bichromate, et on le fait sécher à la chaleur; l'exposant derrière un positif, la lumière n'agit qu'à travers les régions transparentes de ce dernier, et par suite les parties de la surface sensible, situées sous ces régions, perdent leurs propriétés hygroscopiques et adhésives. Il suffit de laisser une telle surface après insolation, pendant quelque temps, dans une pièce humide, parce que les parties qui étaient protégées par les noirs du positif lors de l'insolation, attirent l'humidité. Si on promène alors à la surface de cette image un blaireau imprégné d'une poudre quelconque, celle-ci ne s'attachera qu'aux régions humides, c'est-à-dire correspondant aux noirs du positif. On tire ainsi un positif d'après un positif, un négatif d'après un négatif.

2° La gélatine bichromatée exposée à la lumière devient incapable de se gonfler dans l'eau froide, et de se dissoudre dans l'eau chaude, plus ou moins profondément, selon l'intensité de la lumière, d'où deux séries de procédés :

En insolant sous un positif une couche uniforme de gélatine bichromatée, puis en plongeant, après lavage, cette gélatine dans la solution d'une matière colorante quelconque, de fuchsine ou d'éosine, par exemple, le liquide ne pénétrera que dans les parties non insolées, c'est-à-dire ayant gardé la propriété de se gonfler à l'eau. On obtiendra donc ainsi une image positive (procédés par imbibition ou hydrotypie, dus à Charles Cros).

Si on incorpore à de la gélatine une poudre colorante inerte (telle que du noir de fumée fin) et qu'on l'étende sur une feuille de papier fort, on obtient un papier qu'il suffit de plonger dans une solution de bichromate pour le rendre sensible. Une fois sec, on l'expose sous un cliché négatif : sous les parties transparentes de ce dernier, la gélatine bichromatée est insolubilisée ; il suffit d'un lavage à l'eau chaude pour enlever les régions qui ont été protégées de la lumière par les noirs du négatif. Mais en opérant ainsi, une demi-teinte du cliché serait représentée sur la couche insolée par une région insolubilisée superficiellement et séparée par suite de son support par une zone intermédiaire soluble ; le dépouille-

ment à l'eau chaude séparerait donc du papier
servant de support, cette région insoluble qui,
ainsi abandonnée, disparaîtrait de l'image définitive qui, par suite, ne contiendrait pas de demi-
teintes. On tourne cette difficulté en ne procédant
au dépouillement qu'après retournement de la
couche insolée sur son support, auquel adhère
alors directement et sans intermédiaire toute région insolubilisée, qui sera, par suite, définitivement conservée.

Les principaux procédés d'impressions photomécaniques sont :

La *photocollographie* ou phototypie dans lequel
l'impression se fait à la presse, au moyen d'une
photocopie sur gélatine, jouant le rôle d'une
pierre lithographique. Les matières grasses, telles
que l'encre d'imprimerie, étant repoussées par
toute région humide et se fixant au contraire sur
les régions sèches, il suffit de passer un rouleau
sur une feuille de gélatine bichromatée préalablement insolée derrière un négatif et de presser
ensuite sur cette gélatine une feuille de papier
blanc pour qu'elle entraîne en l'enlevant une
image positive à l'encre grasse identique à celle
qu'eût laissée sur lui une pierre lithographique
encrée.

Dans la *phototypographie* on imprime à l'aide
d'une photocopie sur métal, en relief. Pour obtenir celle-ci, on peut : soit utiliser les propriétés de
la gélatine bichromatée pour produire des réserves sur la plaque métallique qu'on grave ensuite à l'aide d'un mordant convenable (chlorure
ferrique pour le cuivre, eau-forte pour le zinc),

soit utiliser la propriété que possède le bitume
de Judée, de devenir insoluble dans l'essence de
térébenthine sous l'action de la lumière. S'il
s'agit de reproduire une image ne renfermant
que des traits, sans demi-teintes, le procédé s'applique très bien; mais s'il s'agit d'images à demi-
teintes, d'une photographie ordinaire, par exemple, on rencontre la même difficulté que dans le
procédé au charbon. On tourne cette difficulté en

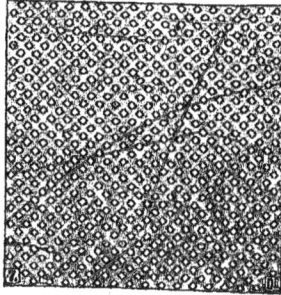

Fig. 8. — Trame ou réseau.

découpant l'image en une série de petites surfaces ; on transforme ainsi les demi-teintes d'une
photographie ou d'un dessin au lavis en un cliché
ne renfermant que des reliefs et des creux. Une
telle transformation est difficile à obtenir.

Les premières tentatives furent relatives à
l'emploi de grains de résine qui étaient alors utilisés dans la photoglyptographie ou héliogravure,
dont nous parlons plus loin. M. Dujardin est un

des premiers qui fit des recherches dans ce sens. Mais il était difficile d'obtenir avec les grains de résine des creux suffisants pour permettre les tirages à grand nombre.

Le Français Berchtold pensa alors à reproduire l'original en plaçant dans le faisceau de rayons lumineux une toile métallique à mailles très régulières ; d'autres photographièrent des feuilles de papier ligné (papier Gillot) ; le cliché ainsi obtenu, on reproduisait l'original (photographie ou lavis) sur une plaque au collodion en plaçant entre elle et l'objectif un de ces réseaux sur glace obtenus en photographiant un papier ligné.

L'image obtenue sur la plaque de collodion était alors découpée en petites surfaces et c'est sous cette image qu'on impressionnait la plaque métallique enduite de bitume de Judée.

Actuellement, on fabrique des trames ou réseaux de toutes sortes, à une ligne, à deux lignes, à quatre lignes, etc., correspondant aux divers travaux que l'on peut avoir à effectuer. Quant à l'emploi des toiles métalliques ou de tulles, on y a renoncé dès le début, à cause de leur manque de régularité.

Si l'emploi des trames semble faciliter la besogne, il ne faut pas croire pour cela qu'il suffise de posséder une trame pour faire aisément de la phototypographie (ou similigravure). Il faut encore savoir s'en servir, c'est-à-dire savoir où la placer, savoir comment diaphragmer l'objectif, pour obtenir un *point carré et coupé net* et non *un point flou*.

Si, au lieu d'impressionner la plaque métallique derrière un négatif, on l'insole derrière un positif, on obtiendra, après la gravure, une photocopie, non plus en relief, mais en creux, tirable à la presse, comme l'eau-forte et la taille-douce. C'est la *photoglyptographie* ou héliogravure.

Enfin on peut, au moyen de la gélatine bichromatée, produire une photocopie modelée en creux, sorte de moule dans lequel on coule une encre gélatineuse. Appliquant dessus une feuille de papier qu'on retire quand l'encre est figée, on obtient une image avec des demi-teintes. C'est la *photoplastographie*.

ACTION DES COULEURS

SUR LES PLAQUES PHOTOGRAPHIQUES

Les plaques ordinaires interprètent faussement les couleurs. — Procédé de la triple pose du professeur Lippmann. — Orthochromatisme. — Plaques de sensibilité colorée, analogue à celle de l'œil.

Les diverses couleurs du spectre impressionnent différemment la plaque photographique ordinaire et la rétine. L'œil présente un maximum de sensibilité pour le jaune et le vert qui n'impressionnent que faiblement la plaque photographique ; celle-ci est surtout sensible au bleu et au violet ; elle est excessivement peu sensible à l'orangé ou au rouge, d'où l'emploi de la lumière rouge pour éclairer les laboratoires de photographie.

Si on photographie un objet coloré, le rouge ou le jaune, qui sont pour notre œil des couleurs claires, n'agissent pas sur la plaque photographique : les régions rouges et jaunes de l'objet sont représentées par du noir sur l'épreuve positive ; au contraire les régions bleues qui sont foncées pour notre œil, viennent en clair sur l'épreuve. Si les images photographiques représentent fidèlement la forme des objets, elles traduisent faussement leurs colorations. On a cru pendant longtemps que seules les lumières bleues et violettes du spectre impressionnent la plaque photogra-

phique ; en réalité le jaune, le vert et le rouge
agissent aussi, mais très lentement, le jaune et le
vert agissant plus vite que le rouge. Ces couleurs
peuvent donc impressionner la plaque au gélatino-
bromure, si le temps de pose est assez long; mais
un temps de pose convenable pour le rouge est
beaucoup trop long pour le bleu et le violet.

Il en résulte que pour obtenir sur l'image photographique une gradation de teintes analogues à
celle que perçoit l'œil, il suffirait de faire agir isolément sur la plaque chacune des lumières colorées émises par l'objet à reproduire, pendant un
temps proportionnel à la sensibilité de la plaque
pour la couleur agissante.

M. G. Lippmann a montré qu'il était inutile
d'opérer ainsi pour chacune des couleurs du
spectre et qu'il suffirait de le faire pour trois régions
du spectre. On intercepte, à chaque pose, au moyen
d'un verre coloré convenablement choisi, les lumières colorées qui ne doivent pas agir. Nous citons textuellement la communication faite par le
savant physicien à l'Académie des Sciences, sur
cet intéressant procédé, dit procédé de la triple
pose :

Devant l'objectif, je place une glace bleue et je fais poser le temps nécessaire pour que les rayons bleus de l'i-
mage impressionnent la plaque. Ensuite, sans toucher
d'ailleurs à l'appareil et en ayant soin de ne pas le déplacer, je substitue à la glace bleue une glace verte et je
continue la pose pendant un temps suffisant pour que le
vert, à son tour, impressionne la plaque fortement. La
glace verte a été choisie avec le plus grand soin, *de façon
qu'elle ne laisse pas passer la moindre trace de bleu*. Dans
ces conditions, on peut donner aux rayons verts le temps de
pose qui leur est nécessaire sans avoir à craindre que le bleu,
cette fois totalement éliminé, vienne perdre l'épreuve par

son action indûment prolongée. Enfin, c'est au tour des rayons rouges : on les fait agir, en substituant devant l'objectif une glace rouge à la glace verte. Cette glace rouge devra être choisie avec soin, *de manière à ne pas laisser passer la moindre trace des rayons verts ou bleus.*

Le résultat final de cette triple pose est de donner des photographies claires, sans taches, brunes et dans lesquelles les feuillages verts, les draperies jaunes ou rouges, etc., au lieu de donner des nuances brunes, sont rendues par un dessin finement modelé comme dans une gravure bien faite.

Malheureusement ce procédé de la triple pose, si simple qu'il soit ne peut guère être employé que pour la reproduction de tableaux, au besoin pour la photographie de paysages par un temps très calme ; quant au portrait, il n'y faut pas songer. La durée totale de la pose est en effet en moyenne de deux à trois heures. Aussi a-t-on dû chercher dans une autre voie, à rendre plus fidèle la photographie des objets colorés ; le seul moyen est de fabriquer des plaques photographiques dont les sensibilités respectives vis-à-vis des diverses couleurs du spectre soient les mêmes que celles de la rétine.

Herschell a montré que les lumières colorées qui impressionnaient le plus la plaque photographique étaient précisément celles qu'elle absorbait. Le Dr Vogel, après avoir confirmé ce fait, montra qu'il suffisait pour rendre la plaque plus sensible à une région déterminée du spectre de mélanger au sel sensible une substance susceptible d'absorber la lumière de cette région ; ses nombreuses recherches à ce sujet lui permirent de faire en 1878 la déclaration suivante, que nous extrayons de la neuvième année de la « Photographische Mittheilungen » :

Grâce à ces expériences, je me crois autorisé à dire, avec une certaine assurance : nous sommes à même de rendre le bromure d'argent sensible à l'action de n'importe quelle couleur, ou d'augmenter la sensibilité qu'il possède déjà à l'égard de certaines couleurs; il suffit de l'additionner d'une matière qui favorise la décomposition du bromure d'argent (*sensibilisation chimique*) et qui absorbe la couleur en question, sans agir sur les autres (*sensibilisation optique*).

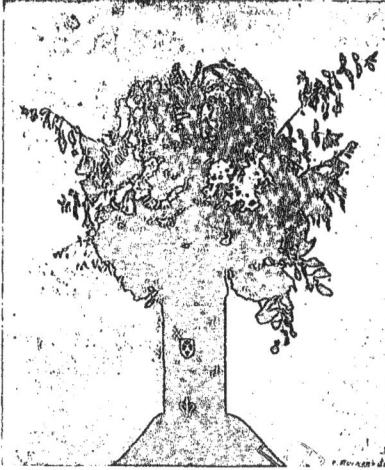

Fig. 9. — Bouquet photographié sur plaque ordinaire.

La plupart des substances qui peuvent être employées ainsi, sont des matières colorantes, ce qui ne doit pas nous surprendre puisque nous avons vu qu'elles devaient leur couleur à l'absorption

de certaines lumières colorées. Mais toutes les
matières colorantes ne peuvent également être
employées ; il ne suffit pas en effet qu'elle absorbe
la couleur pour laquelle on veut augmenter la
sensibilité de la plaque, *orthochromatiser* la plaque, pour employer le terme du métier ; il faut
encore qu'elle favorise la décomposition du bromure d'argent.

Parmi les matières colorantes les plus employées
nous citerons les matières colorantes dérivées de
la fluorescéine, c'est-à-dire l'éosine, l'érythrosine,
la primerose, la rose bengale, la phloxine, etc.,
qui augmentent surtout la sensibilité au jaune et
au vert ; la cyanine, le vert malachite qui sensi-
bilisent pour le rouge. Nous donnons d'ailleurs, ci-
dessous, le tableau des substances les plus usitées (1).

MATIÈRES COLORANTES	RÉGIONS DU SPECTRE DONT LA SENSIBILITÉ EST AUGMENTÉE.
Azaline (2).	Jaune, orangé et rouge.
Bleu Coupier.	Jaune et orangé.
Céruléine.	Orangé et rouge.
Chrysaniline.	Vert.
Cyanine ou bleu de quinoléine.	Orangé, rouge.
Éosine.	Vert et jaune.
Érythosine.	Jaune.
Fuchsine.	Vert et jaune.

(1) Nous renvoyons ceux de nos lecteurs qui désireraient
approfondir cette question de l'orthochromatisme à l'ouvrage
de MM. G. H. NIEWENGLOWSKI ET A. ERNAULT : *Les Couleurs
et la Photographie*, que nous avons consulté pour la rédac-
tion de ce chapitre.

(2) Mélange de cyanine et de rouge de quinoléine.

Rouge de naphtaline.	**Vert.**
Vert à l'iode.	**Jaune, orangé, rouge.**
Vert malachite.	**Orangé et rouge.**
Violet de méthyle.	**Jaune et orangé.**

La couleur pour laquelle une matière colorante orthochromatise la plaque, dépend non seulement des couleurs qu'elle absorbe, mais encore du substratum qui renferme le sel sensible ; c'est ainsi qu'on ne doit pas employer les mêmes substances pour sensibiliser à une même couleur des plaques au collodion, à l'albumine ou au gélatino-bromure d'argent ; c'est ainsi que le violet de méthyle, qui augmente la sensibilité à l'orangé des plaques au collodion sec, donne de mauvais résultats employé avec le collodion humide et agit très peu sur le gélatino-bromure d'argent.

Il est à remarquer que la quantité de substances à employer est excessivement minime. Le procédé le plus simple consiste à tremper une plaque ordinaire deux ou trois minutes dans un bain convenable et à la laisser sécher dans l'obscurité après l'avoir rincée à l'eau distillée. Le plus souvent, on dissout un gramme de la matière colorante dans un litre d'eau, et on prend une portion de cette solution qu'on additionne d'eau ou d'autres substances.

C'est ainsi que le bain :

Eau distillée................ 100

Ammoniaque................ 1

Solution d'éosine à $\dfrac{1}{1.000}$ .. 25

est employé pour sensibiliser au jaune et au vert.

On mélange souvent à la matière colorante un

peu d'azotate d'argent qui augmente la rapidité de la plaque. Tel est le bain suivant, recommandé par MM. Obernetter et Vogel pour exalter la sensibilité au vert, au jaune et à l'orangé :

Eau distillée........................ 100

Solution d'érythrosine à $\dfrac{1}{1.000}$. 50

Solution d'azotate d'argent à $\dfrac{1}{1.000}$. 50

De telles plaques ne sont orthochromatisées que pour une région déterminée du spectre ; en outre elles ne peuvent être conservées que quelques jours.

Un procédé plus simple consiste à ajouter la matière colorante à l'émulsion, au moment de la fabrication des plaques. Le premier brevet fut pris par MM. Clayton et Attout-Tailfer ; depuis, de telles plaques ont été mises dans le commerce. M. Perron en fabrique dont la sensibilité est augmentée pour le jaune et le vert ; MM. Lumière en ont mis en vente deux séries : une première, dite série A, est sensibilisée pour le jaune et le vert ; une seconde, dite série B, est sensibilisée pour le jaune et le rouge ; ces plaques présentent sur celles que l'on orthochromatise soi-même par le procédé dit *au bain*, l'avantage de se conserver plus longtemps.

Les plaques orthochromatiques se développent et fixent comme les plaques ordinaires ; il faut seulement choisir convenablement l'éclairage du laboratoire. Tout d'abord, le mieux est de charger et décharger les châssis en pleine obscurité et de ne s'éclairer que lorsqu'il y a déjà quelques secon-

des que la plaque est plongée dans le révélateur.
S'il s'agit de plaques orthochromatisées au jaune
et au vert, on s'éclairera avec une lumière rouge
très faible ; s'il s'agit de plaques orthochromati-

Fig. 10. — Bouquet photographié sur plaque panchromatique
Lumière.

séespourle rouge, avec une lumière verte très faible ; en un mot, on s'éclairera avec la lumière
colorée pour laquelle la plaque qu'on développe
présente le minimum de sensibilité. Il est bon,
lorsque la plaque est fixée et lavée, de la passer

dans un bain d'alcool additionné d'un peu d'ammoniaque, bain destiné à enlever les dernières
traces de matières colorantes.

Le plus souvent il est utile, pour obtenir le
maximum d'effet des préparations orthochromatiques, de placer devant l'objectif un écran de
couleur convenable permettant d'augmenter la
pose pour certaines régions du spectre. Le meilleur est de prendre une petite cuve en verre, à
faces parallèles, qu'on remplit d'un liquide approprié aux radiations dont on veut affaiblir l'effet :
le chromate neutre de potassium, en solution
étendue, absorbe partiellement le bleu et le violet ;
en solution concentrée, les absorbe complètement ;
l'hélianthine rouge ne laisse passer que le jaune
et le rouge.

Les tableaux suivants, dus à M. Montpillard, et
que nous extrayons du *Formulaire aide-mémoire
du photographe* (1), indiquent les écrans et les
matières à employer pour orthochromatiser la
plaque dont on doit se servir :

1° REPRODUCTION D'OBJETS MONOCHROMES.

Couleur de l'original.	Sensibilisateurs.	Écrans.
Bleu ou violet { foncé. clair.	Érythrosine.	{ Jaune clair. Jaune foncé ou orangé.
Vert. Jaune. Jaune orangé.	Érythrosine.	{ Jaune foncé ou orangé.
Orangé Rouge. Rouge foncé.	Cyanine.	{ Jaune foncé ou orangé. Rouge.

(1) G. H. NIEWENGLOWSKI, *Formulaire aide-mémoire du
photographe*, 2° édition.

2° REPRODUCTION D'OBJETS POLYCHROMES.

Couleurs de l'original.	Sensibilisateurs.	Écrans.
Vert et jaune.	Érythrosine.	Jaune foncé.
Vert et rouge. Jaune et rouge.	Érythrosine.	Jaune foncé ou orangé, puis rouge.
Vert et rouge. Jaune et rouge.	Érythrosine et cyanine.	Jaune foncé ou orangé.
Bleu ou violet avec jaune.	Érythrosine.	Jaune clair, foncé ou orangé selon l'intensité du bleu ou du violet.
Bleu ou violet avec rouge.	Cyanine.	Mêmes écrans; en cas de rouges très foncés, pose continuée avec écran rouge.

L'emploi combiné d'un écran coloré et d'une plaque orthochromatique appropriés donne des effets très agréables ; c'est ainsi 'que, lorsqu'on emploie les plaques ordinaires, les masses de verdure sont rendues sur l'épreuve positive par des masses noires, où l'on ne trouve aucun détail ; si on se sert de plaques orthochromatiques, en ayant soin de mettre un écran jaune devant l'objectif, les feuilles des arbres deviennent distinctes. Pour la reproduction des paysages où dominent les arbres, il faut choisir les plaques orthochromatiques au jaune et au rouge et non au jaune et au vert comme on pourrait le croire. La lumière verte émise par les feuilles des végétaux est en effet loin d'être une lumière simple ; elle est composée de lumière rouge foncée, de lumières jaune, verte et d'une quantité beaucoup moindre de lumière bleue et violette.

Il peut être utile, dans certains cas, de rendre la plaque photographique également sensible à toutes les couleurs du spectre, à la rendre *isochromatique*. Si on photographie le spectre solaire sur une telle plaque, l'image obtenue doit présenter une teinte uniforme du rouge au violet ; nous verrons que de telles plaques sont employées pour la photographie directe des couleurs (procédé G. Lippmann).

Mais une telle image serait loin de représenter l'effet produit pour notre œil par le spectre solaire; pour notre rétine, en effet, le jaune du spectre est de sept à huit fois plus intense que le bleu.

Vogel, en ajoutant du rouge de naphtaline à une émulsion au chlorure d'argent, a pu obtenir une plaque dont la sensibilité aux diverses couleurs était comparable à celle de l'œil. Mais en général, ce n'est que par le mélange de plusieurs substances sensibilisatrices qu'on peut obtenir ce résultat. Ces mélanges sont difficiles à faire : deux matières colorantes qui, employées isolément, donnent de bons résultats, mélangées, ne donnent rien de bon. D'après le Dr Eder, les meilleurs mélanges seraient ceux de deux matières colorantes dont le maximum d'action de l'un correspond au minimum d'action de l'autre. Pendant longtemps, on n'a connu qu'un petit nombre de substances sensibilisatrices ; aussi ne pouvait-on guère faire de ces mélanges. MM. A. et L. Lumière ont récemment montré qu'outre les substances habituellement choisies, on pourrait en employer un très grand nombre d'autres ; mais les meilleurs sensibilisateurs sont, d'après eux, ceux qui dérivent du tri-

phénylméthane. Ils ont aussi constaté que les matières colorantes les plus propres au mélange
étaient celles qui agissent à très faible dose.

A la suite de ces recherches, ils ont pu fabriquer des plaques ayant respectivement pour chaque région du spectre une sensibilité comparable
à celle de notre œil ; pour ce, ils ont photographié
un spectre et déterminé sur l'épreuve positive les
régions pour lesquelles il y avait lieu d'augmenter
la sensibilité de la plaque ; puis ils ont fait un
mélange en proportions convenables de sensibilisateurs pour ces régions, agissant à très faible
dose. Ces plaques, qu'ils ont mises dans le commerce sous le nom de *plaques panchromatiques*,
manquent un peu de sensibilité pour la région
verte du spectre ; aussi doit-on avoir soin de placer
un écran jaune devant l'objectif pendant la pose.

De telles plaques, à cause de leur sensibilité à
toutes les couleurs, doivent être maniées avec plus
de précautions encore que les plaques orthochromatiques ordinaires ; il ne faut s'éclairer que de
temps à autre pendant le développement, pour-
suivre la venue de l'image et encore avec une lumière verte très faible, placée à une assez grande
distance de la cuvette.

LE PROBLÈME DE LA PHOTOGRAPHIE

DES COULEURS

Classification des diverses solutions. — Procédés directs. Procédés indirects.

Dès la vulgarisation de la découverte de Niepce et de Daguerre, on a pensé à la production de photographies en couleurs, comme en témoigne le passage suivant, extrait de la notice que lut Arago à la séance du 7 janvier 1839, sur les recherches de Daguerre.

On s'est demandé si, après avoir obtenu, avec le daguerréotype, les admirables dégradations des teintes, on n'arrivera pas à lui faire reproduire les couleurs, à substituer, en un mot, les tableaux aux sortes de gravures à l'aqua-tinta qu'on engendre maintenant.

Le problème sera résolu le jour où l'on aura découvert une seule et même substance que les rayons rouges coloreront en rouge, les rayons jaunes en jaune, les rayons bleus en bleu, etc. M. Niepce signalait déjà des effets de cette nature où, suivant moi, le phénomène des anneaux colorés jouait quelque rôle. Peut-être en était-il de même du rouge et du violet que Seebeck obtenait simultanément sur le chlorure d'argent, aux deux extrémités opposées du spectre. M. Quetelet m'a communiqué une lettre dans laquelle sir John Herschell annonce que son papier sensible ayant été exposé à un spectre solaire très vif, offrait ensuite toutes les couleurs prismatiques, le rouge excepté. Enfin, M. Edmond Becquerel est parvenu à préparer les plaques daguerriennes de manière à obtenir des images dont les couleurs rappellent celles des objets, mais sans pouvoir empêcher les images do blanchir ou de s'effacer sous l'influence de la lumière diffuse.

En présence de ces faits, il serait certainement hasardé d'affirmer que les couleurs naturelles des objets ne seront jamais reproduites dans les images photogéniques.

Mais les savants, contemporains de Daguerre, étaient loin d'avoir tous la même confiance qu'Arago dans l'avenir de la photographie, particulièrement en ce qui concerne la reproduction des couleurs. Témoin ces paroles de Gay-Lussac :

La découverte de M. Daguerre nous est connue par des résultats qui ont été mis sous vos yeux, et par le rapport, à la Chambre des députés, de l'illustre savant auquel le secret en avait été confié. C'est l'art de fixer l'image même de la chambre obscure sur une surface métallique et de la conserver.

Hâtons-nous cependant de le dire, sans vouloir diminuer en rien le mérite de cette belle découverte, la palette du peintre n'est pas très riche de couleurs, le blanc et le noir la composent seuls. L'image à couleurs naturelles et variées restera longtemps, à jamais peut-être, un défi à la sagacité humaine. Mais n'ayons pas la témérité de lui poser des bornes infranchissables, les succès de M. Daguerre découvrent un nouvel ordre de possibilités.

L'avenir, comme on le verra, devait donner tort à Gay-Lussac. Aujourd'hui le problème de la photographie des couleurs est complètement résolu ; il comporte même plusieurs solutions.

Dans les débuts on s'est surtout attaché à trouver une substance sensible capable de reproduire d'un seul coup les couleurs de l'original. Tels sont les procédés de photographie directe des couleurs ou de *chromophotographie*, pour employer le terme adopté par les congrès internationaux de photographie, dus à Edmond Becquerel, à Poitevin, à M. de Saint-Florent, à M. G. Lippmann. Ces procédés peuvent être divisés

en deux classes bien distinctes : d'une part ceux
où l'on produit des couleurs réelles, matérielles,
dues aux phénomènes d'absorption (Poitevin);
d'autre part, ceux où l'image ne comporte en
réalité aucune couleur réelle, où les couleurs,
dépendant de la structure de l'image, sont dues
aux phénomènes d'interférence (E. Becquerel,
Lippmann). C'est à cette dernière classe qu'appartient la plus élégante solution du problème de
la photographie directe des couleurs, solution
due au savant français Gabriel Lippmann.

En 1869, deux chercheurs français qui ne se
connaissaient pas eurent en même temps l'idée
de chercher une solution indirecte du problème
de la photographie des couleurs. Charles Cros, un
poète, et Louis Ducos du Hauron eurent en même
temps recours au principe des couleurs fondamentales. Nous laissons la parole à M. Ducos du Hauron, pour expliquer le principe de ce procédé(1) :

> Au lieu de confier au soleil le soin d'engendrer les cou-
> leurs, ne pourrait-on pas le charger simplement de les dis-
> tribuer ? Au lieu de chercher une préparation unique qui
> absorbe en quelque sorte et qui garde en chaque point de sa
> surface les colorations des rayons qui les frappent, ne pour-
> rait-on pas soumettre à l'action de la lumière une prépara-
> tion multiple et polychrome, ou du moins renfermant vir-
> tuellement toutes les nuances possibles, laquelle composée
> exclusivement de couleurs déjà connues et fournies par l'in-
> dustrie, serait uniformément étendue sur tous les points de
> la surface photogénique, dans des conditions telles que, sous
> chacun des rayons simples ou composés qui viennent la frap-
> per, se fixât la couleur simple ou composée correspondante,
> les autres couleurs étant éliminées sous ce même rayon ?

Ainsi formulé, le problème semble très com-

(1) Louis Ducos du Hauron, *Les couleurs en photographie.* Solution du problème. Paris, A. Marion, éditeur. 1869.

pliqué ; mais Ducos du Hauron et Cros le simplifient en s'appuyant sur les propriétés des couleurs fondamentales ; Ducos du Hauron se dit alors :

Si je décompose en trois tableaux distincts, l'un rouge, l'autre jaune, l'autre bleu, le tableau en apparence unique, mais triple en réalité quant à la couleur, qui nous est offert par la nature, et si de chacun de ces trois tableaux j'obtiens une image photographique séparée qui en reproduise la couleur spéciale, il me suffira de confondre ensuite en une seule image les trois images ainsi obtenues pour jouir de la représentation exacte de la nature, couleur et modelé tout ensemble.

Les congrès internationaux de photographie ont convenu de désigner sous le nom de photochromographie les procédés indirects de photographie des couleurs.

Nous passerons en revue dans les chapitres suivants les diverses recherches de chromophotographie et de photochromographie qui ont été faites jusqu'à ce jour.

PREMIÈRES RECHERCHES RELATIVES

A LA PHOTOGRAPHIE DES COULEURS

Observations antérieures à Daguerre : Seebeck, Wollaston, Davy. — Recherches de Daguerre. — Expériences de Hunt

Les premières observations relatives à la production directe de couleurs sur des surfaces sensibles remontent à l'année 1810 ; elles sont bien antérieures, comme on le voit, à la découverte de la photographie : « D'après un ouvrage célèbre de Gœthe, sur les couleurs, ce serait Seebeck, professeur de physique à l'Université d'Iéna, connu surtout pour sa découverte des courants thermo-électriques, qui, le premier, en 1810, aurait cherché à obtenir des photographies colorées naturellement par la lumière... Seebeck fit tomber sur du chlorure d'argent étendu sur du papier un spectre obtenu comme nous l'avons dit et constata les résultats suivants : la matière employée prenait dans le violet une teinte brun rougeâtre ; dans le bleu, elle se colorait en bleu ; le vert lui communiquait une teinte bleuâtre ; le jaune la laissait intacte ; et, enfin, le rouge et l'infra-rouge la teignaient respectivement en rose et en lilas (1). »

Cette observation fut répétée par Wollaston,

(1) G. H. Niewenolowski et A. Ernault, *Les Couleurs et la Photographie*. Paris, Société d'éditions scientifiques.

par Davy et en 1839 par le célèbre astronome
Herschell ; mais les résultats n'étaient pas toujours
les mêmes ; c'est qu'à cette époque on ne savait
pas obtenir un spectre pur, c'est-à-dire un spectre
dont les diverses lumières colorées ne contiennent

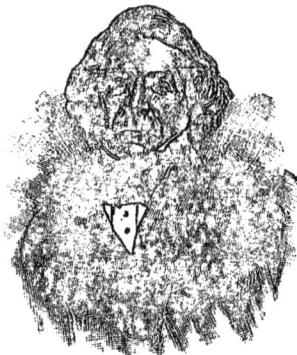

Fig. 11. — Jacques-Mandé Daguerre (1).

pas la moindre trace de lumière blanche ; en
outre, les colorations obtenues diffèrent selon la
manière dont on a préparé le chlorure d'argent.
Dans son traité de chimie, Gmelin indique ainsi
qu'il suit les colorations prises par le chlorure
d'argent, exposé à la lumière, sous divers verres

(1) Nous devons cette figure à l'obligeance de M. CHARLES
MENDEL, éditeur des *Lettres sur la photographie*, par GIARD,
ouvrage dont elle est extraite.

	Bleu.	Vert.	Jaune.	Rouge.
Chlorure d'ammonium.	Brun olive.	Brun pâle.	Brun.	Orangé foncé.
— de baryum.	Pourpre.	Lilas.	Brun rouge.	Rouge pâle.
— de calcium.	Violet riche.	Bleu pâle.	Bleu.	Rougeâtre.
— ferreux.	Rouge.	Inerline.	Rouge pâle.	Gris plomb.
— ferrique.	Bleu.	Jaunâtre.	Paille.	Vert jaunâtre.
— de manganèse.	Brun riche.	Rougeâtre.	Jaune pâle.	Jaune.
— de potassium.	Pourpre clair.	Bleu calcite.	Violet clair.	Rouge.
— de sodium.	Pourpre.	Bleu.	Violet.	Brun rouge.

colorés, selon le chlorure soluble qui a servi à le préparer (1).

C'est à Daguerre qu'il faut arriver pour trouver véritablement les premiers essais relatifs à la photographie directe des couleurs, comme on peut en juger par le passage suivant, extrait de la notice lue par Arago à la séance du 7 janvier 1889 de l'Académie des Sciences :

M. Daguerre, pendant ses premières expériences de phosphorescence, avait découvert une poudre qui émettait une lueur rouge après que la lumière rouge l'avait frappée, une autre poudre à laquelle le bleu communiquait une phosphorescence bleue, une troisième poudre qui, dans les mêmes circonstances, devenait lumineuse en vert par l'action de la lumière verte ; il mêla ces poudres mécaniquement, et obtint ainsi un composé unique qui devenait rouge dans le rouge, vert dans le vert, et bleu dans le bleu. Peut-être en opérant de même, en mêlant diverses résines, arrivera-t-on à engendrer un vernis où chaque lumière imprimera, non plus phosphoriquement, mais phosphogéniquement des couleurs.

Il suffisait d'exposer quelques minutes à la chambre noire une plaque recouverte d'un mélange intime de ces trois substances phosphorescentes pour que, dans l'obscurité, cette plaque présentât une image colorée, fugitive il est vrai, des objets ainsi photographiés. On remarquera que l'emploi des trois poudres seulement montre que Daguerre avait la notion des trois couleurs fondamentales.

Quelques années après, Hunt put obtenir en 1845 une reproduction colorée du spectre solaire sur un papier sensible qu'il avait baptisé du nom

(1) Extrait du FORMULAIRE AIDE-MÉMOIRE DU PHOTOGRAPHE, 2ᵉ *édition*, Paris, Société d'éditions scientifiques.

de ferro-cyanotype et qu'il préparait ainsi (1) :

On prend du papier bien satiné qu'on trempe dans une solution de 2 grammes de nitrate d'argent et 30 grammes d'eau distillée. On fait sécher promptement, puis on plonge une seconde fois dans la même solution ; alors on le place, après qu'il a été desséché, et pendant environ une minute, dans une solution qui se compose de 2 grammes d'hydriodate de potasse et de 180 grammes d'eau. On l'étend dans cet état sur un carton uni, et on le lave doucement en faisant couler dessus de l'eau pure, et, enfin, on le fait sécher dans l'obscurité et à la température ordinaire.

Après avoir décrit la préparation du papier ferrocyanotype, M. Hunt dit :

L'action du spectre solaire sur cette préparation est assez curieuse à connaître ; mais, pour le moment, je me contenterai d'annoncer que le maximum d'effet est produit par les rayons les moins réfrangibles, et que tous les rayons, le rouge extrême excepté, agissent sur elle avec une énergie considérable. Dans tous les cas qui se sont présentés à moi, l'image du spectre imprimé était distinctement colorée d'une extrémité à l'autre, et j'ai même remarqué que les couleurs de milieux superposés laissaient une teinte correspondante sur le papier ; mais, malheureusement, à mesure que le papier séchait, les couleurs disparaissaient.

Ce résultat fait entrevoir la possibilité de produire éventuellement des images photographiques avec leurs couleurs naturelles.

(1) MANUELS RORET, *Nouveau manuel complet de photographie*, par E. de Valicourt, tome II (1862).

EXPÉRIENCES DE BECQUEREL

Préparation des plaques sensibles au moyen du courant électrique. — Photographie colorée du spectre solaire.

Les véritables premières photographies en couleurs furent celles obtenues en 1848 par le célèbre physicien Edmond Becquerel (1) qui prit comme original le spectre solaire. Il employait comme surface sensible une lame d'argent bien polie à la surface de laquelle il provoquait la formation d'une couche très mince de chlorure d'argent, en l'attaquant par le chlore gazeux, ou en la plongeant dans de l'eau chlorée, ou bien dans une solution de chlorure cuivrique ; l'immersion devait être de courte durée ; les résultats variaient d'ailleurs selon le nombre d'immersions ; les plaques étaient ensuite lavées et séchées à l'obscurité.

Mais les meilleures photochromies furent obtenues avec des plaques chlorurées par le courant électrique ; Becquerel a décrit le procédé, ainsi qu'il suit:

(1) Edmond Becquerel, né à Paris le 24 mars 1820, élève de l'École polytechnique en 1838, professeur au Conservatoire des arts et métiers en 1853, au Muséum d'histoire naturelle en 1858, mort en 1807.

Pour préparer la couche impressionnable à l'aide de courants électriques, on commence par décaper et chauffer la lame de plaqué d'argent ou la lame d'argent que l'on emploie et on lui donne un poli parfait comme si l'on voulait obtenir une épreuve daguerrienne, puis on suspend cette lame à l'aide de deux petits crochets en fil de cuivre, de façon qu'elle puisse être plongée au milieu d'une masse liquide et être enlevée à volonté au moyen du fil R, qui est formé par la réunion des deux fils de cuivre (*Fig.* 12). Le liquide

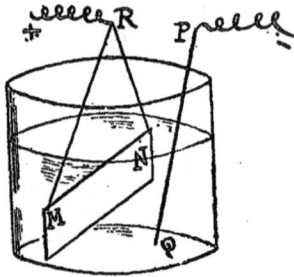

Fig. 12.

dans lequel on plonge la lame est de l'eau acidulée par de l'acide chlorhydrique dans les proportions de 8 litres par 1 litre d'acide ordinaire. On attache alors les fils de cuivre qui forment les supports en crochets de la lame au pôle positif de la pile qui doit agir, et l'on plonge la lame au milieu de la dissolution au moment même d'opérer. La pile est formée d'un ou plusieurs couples à acide azotique, suivant l'étendue de la lame et la disposition de l'appareil, sans l'addition dont il va être question plus loin; si l'on opère avec des quarts de plaque daguerrienne (0^m,016 sur 8^{cm}), il faut un couple à acide azotique fortement chargé. Avec des demi-plaques, deux couples sont nécessaires, et même trois pour des plaques entières.

(1) EDMOND BECQUEREL, *La lumière, ses causes et ses effets*, tome II, p. 213. Paris, 1868.

Lorsque la lame est dans le liquide et se trouve maintenue verticalement, on plonge dans ce même bain un fil de cuivre ou de platine en communication avec le pôle négatif des couples, afin de former le circuit voltaïque. On promène le fil dans le liquide parallèlement à la surface argentée de la lame et à 8 ou 10 centimètres de distance.

Alors on voit des bulles d'hydrogène se détacher de ce fil, tandis que la surface d'argent se colore par suite du transport du chlore provenant de la décomposition de l'acide chlorhydrique. Si l'on promène le fil en face de la lame, la coloration de toute la surface est la même, et celle-ci change également de nuance dans tous les points; mais si l'on n'avait pas cette précaution, la surface sensible n'aurait pas partout la même épaisseur.

Les nuances qui se produisent sur la lame sont celles des lames minces ou des anneaux colorés vues par transmission et sont analogues à celles des dépôts des oxydes métalliques à la surface des métaux.

La surface de la lame commence à se colorer en gris, puis prend des teintes jaunâtres, violettes, vertes, qui se succèdent à mesure que le dépôt augmente d'épaisseur.

Quand on veut se baser seulement sur la teinte du dépôt pour juger de son épaisseur, il faut opérer dans une pièce peu éclairée, retirer la lame d'argent du bain à plusieurs reprises et s'arrêter à la teinte convenable, qui est, en général, du 3e, du 4e ou du 5e ordre, suivant les expériences que l'on a en vue, et ainsi qu'on le dira plus loin.

Quand on a atteint le degré voulu, on lave la plaque à l'eau distillée, puis on la fait sécher en l'inclinant légèrement et en la séchant à l'aide d'une lampe à alcool, soit en insufflant de l'air à la surface pour accélérer l'évaporation. On juge exactement de l'ordre de l'épaisseur de la couche impressionnable en regardant la surface près du bord, vers les points où les crochets en cuivre étaient attachés; on observe une suite d'anneaux colorés qui entourent ces points, se succèdent avec régularité et viennent se fondre avec la nuance générale de la plaque.

Si l'on examine la plaque à l'aide de la lumière d'une lampe, elle paraît recouverte d'une légère poussière blanchâtre formant comme un faible voile. Pour l'enlever, on place cette plaque sur le cadre à polir, et on passe, à différentes reprises, à sa surface, un polissoir en velours. Elle devient brillante, acquiert une teinte bois assez foncée et est alors éminemment propre à recevoir les impressions colorées des différentes parties du rayonnement lumineux. Ce léger poli, après le dépôt de la couche sensible, est nécessaire pour donner de la vivacité aux nuances qu'on veut obtenir.

On peut rendre ce procédé d'une application facile et certaine, en déterminant dans chaque circonstance et à chaque instant la quantité de chlore que l'on met à la surface de la lame d'argent.

Pour cela, on interpose, dans le circuit composé de la pile et du bain d'eau acidulée par l'acide chlorhydrique dans lequel plonge la lame attachée au pôle positif, un voltamètre à eau ; de cette manière, le courant qui décompose l'acide chlorhydrique et transporte le chlore sur l'argent décompose aussi l'eau acidulée du voltamètre.

Les décompositions électro-chimiques ayant lieu en proportions définies, il se porte autant de chlore en volume sur la surface de la lame d'argent qu'il se dégage de gaz hydrogène dans l'éprouvette, placée au-dessus de l'électrode négative du voltamètre ; si donc on recueille ce gaz on voit à chaque instant à quel point en est la préparation. Pour opérer ainsi il faut garantir avec un vernis le verso de la lame de plaque, afin que le cuivre soit préservé et que l'argent métallique soit seul attaqué par le chlore provenant de la décomposition de l'acide chlorhydrique. On a pu, par ce moyen, préparer les lames dans l'obscurité et avoir des couches uniformes et d'une épaisseur déterminée d'après cette addition du voltamètre ; l'on peut dire que cette méthode de préparation est la seule qui puisse donner, dans des expériences de ce genre, des couches impressionnables identiques à elles-mêmes. Mais il est nécessaire, quand on opère ainsi, d'employer un plus grand nombre de couples que lorsqu'on ne se sert pas du voltamètre, et cela pour vaincre la résistance introduite ainsi dans le circuit.

Ainsi pour des lames dites quart de plaques il faut au moins trois couples à acide azotique fortement chargées ; pour 1/2 plaques et des entières, 4, ou même 6 couples. Pour les expériences courantes, il est inutile, dans la mesure de gaz dégagé par le voltamètre, de faire la correction de la pression et de la tension de la vapeur d'eau ; il suffit de maintenir la température de 10 ou 12° et de disposer l'éprouvette graduée de façon que le gaz hydrogène soit pris à la pression ordinaire au moment où on observe son volume.

Il résulte des déterminations faites à l'aide de préparations opérées sur des surfaces d'argent de 0^m106 sur 8^r, qu'en rapportant tout à l'unité de surface et en évaluant le chlore d'après le volume de l'hydrogène du voltamètre déterminé en centimètres cubes, il faut par décimètre carré :

2ᵐ80 de chlore pour que la teinte violette de la couche du ordre commence à paraître;

De 3ᵐ80 à 3ᵐ90 pour la teinte violette du 3ᵉ ordre donnant déjà de bonnes impressions colorées;

De 6ᵐ50 à 6ᵐ90 pour que la couche du 4ᵉ ordre ait une épaisseur suffisante pour donner de belles reproductions des spectres lumineux.

Si l'on avait la densité exacte de ce chlorure rien ne serait plus facile que de déduire des résultats précédents l'épaisseur de la couche impressionnable. Or, comme on ne connaît pas sa composition chimique, on ne peut faire que des suppositions à ce sujet. En admettant, par exemple, que la densité de ce chlorure soit la même que celle du chlorure blanc fondu et que cette densité soit 5.277, on trouve que chaque centimètre cube de chlore donnerait sur 1 décimètre de surface d'argent une couche de chlorure d'une épaisseur de $\frac{1}{4.120}$ de millimètre; cela ferait pour l'épaisseur correspondant à 4 centimètres cubes $\frac{1}{1.000}$ de millimètre et pour 7 centimètres cubes $\frac{1}{588}$ de millimètre. Mais, vu l'incertitude où l'on est sur la composition du corps impressionnable, on doit s'en tenir à la détermination de la quantité de matières d'après la proportion de chlore transportée sur la surface de la lame d'argent.

Je ferai remarquer que ce procédé se prêterait bien à la détermination de l'épaisseur des lames minces produites au moyen des actions électriques à la surface des plaques métalliques par l'oxyde de plomb, de manganèse, etc., suivant la méthode expérimentale découverte par mon père.

En laissant le courant électrique agir plus longtemps qu'il vient d'être dit, la lame devient noire par suite d'une plus grande épaisseur de chlorure d'argent mais ne donnerait pas d'aussi bons résultats sous l'action de la lumière.

Il faut opérer entre les limites 4 à 7 centimètres de chlore par décimètre-carré, selon l'épaisseur de la couche dont on a besoin. Plus la couche est mince, plus sa substance est impressionnable, mais aussi moins les nuances colorées sont belles. Les plaques préparées ainsi peuvent se conserver à l'abri de la lumière aussi longtemps que cela sera nécessaire et reçoivent toujours également bien les impressions colorées.

Les photochromies obtenues par Edmond Becquerel avaient le défaut de ne pouvoir être
fixées ; si on ne prenait pas soin de les conserver
à l'obscurité, l'image ne tardait pas à disparaître.

EXPÉRIENCES
DE NIEPCE DE SAINT-VICTOR

Recherches de Niepce de Saint-Victor. — Influence du mode de préparation du sel sensible. — Essais de fixage des épreuves — Théorie de la formation des couleurs dans le procédé Becquerel : hypothèses d'Arago, de Ross. — Idées de Tillmann.

Les expériences d'Edmond Becquerel furent reprises par Niepce de Saint-Victor qui les varia beaucoup. Il n'employa pas le courant de la pile pour chlorurer la plaque d'argent, mais se servit de bains composés de sulfate de cuivre mélangé à un chlorure, variant selon le résultat à obtenir. Il pensa qu'il devait y avoir une relation entre la couleur que communique un corps à une flamme et la couleur que la lumière développe sur une plaque d'argent qui a été chlorurée avec le même corps qui colore cette flamme.

Cette idée l'amena à essayer successivement l'action de tous les chlorures et à les classer en quatre catégories qui sont :

Première catégorie. — Chlorures qui, étant employés seuls, impressionnent la plaque d'argent, de manière à lui faire prendre toutes les couleurs ou plusieurs couleurs du modèle.

Ce sont les chlorures de cuivre, de fer, de

nickel, de potassium et les hypochlorites de
soude et de chaux, ainsi que le chlore liquide,
par immersion, ou en vapeur.

Deuxième catégorie. — Chlorures qui, étant
employés seuls, impressionnent la plaque d'argent et qui, cependant, ne donnent pas d'images
colorées par la lumière.

Ce sont les chlorures d'arsenic, d'antimoine, de
bronze, de bismuth, d'iode, d'or, de platine, de
soufre.

Troisième catégorie. — Chlorures qui, employés seuls, n'impressionnent pas la plaque d'argent, mais qui l'impressionnent si on les mélange
à un sel de cuivre (surtout avec le sulfate ou le
nitrate de cuivre) et qui, alors, donnent des couleurs par la lumière.

Ce sont les chlorures d'aluminium, de baryum,
de cadmium, de calcium, de cobalt, d'étain, de
manganèse, de magnésium, de phosphore, de sodium, de strontium et de zinc. L'acide hydrochlo-
rique (1) étendu d'un dixième d'eau et mélangé à
du nitrate de cuivre, impressionne la plaque et
donne toutes les couleurs.

Quatrième catégorie. — Chlorures ou chlorates
qui, quoique mélangés à un sel de cuivre et im-
pressionnant la plaque d'argent, ne donnent pas
de couleurs par la lumière. Ce sont le chlorure
de mercure et le chlorate de plomb.

Il est à remarquer que les chlorures de la première catégorie donnent, par la combustion, des
flammes colorées, tandis que ceux de la seconde

(1) Actuellement, acide chlorhydrique.

n'en donnent pas. Ceux de la troisième catégorie,
sauf celui de zinc qui donne de faible couleur,
ne donnent pas non plus de flammes colorées ; il
en est de même de ceux de la quatrième catégorie
qui, brûlés seuls, ne colorent pas la flamme et,
combinés à un sel de cuivre, la colorent en
vert.

Niepce de Saint-Victor n'a pu, à cause de leur
prix élevé, expérimenter les chlorures de car-
bone, de cérium, de chrome, de cyanogène, d'iri-
dium, de molybdène, de palladium, de silicium,
de rhodium, de titane, de tungstène et de zirco-
nium.

Dans les bains chlorurants, la plaque d'argent
prend une teinte noirâtre ; sous cet état elle n'est
pas apte à donner de bonnes photochromies ; il
faut la chauffer jusqu'à ce qu'elle ait pris une
teinte rouge cerise après avoir passé par le rouge
brun ; si on continuait à chauffer elle deviendrait
successivement rouge vif, rouge blanc, blanche.
Mais cette teinte rouge cerise présente un inconvénient : les noirs et les ombres restent presque
rouges.

Niepce de Saint-Victor a pu obvier à cet inconvénient en opérant différemment : si, au sortir du
bain chlorurant, on ne fait que sécher la plaque
sans en élever la température jusqu'au point d'en
faire changer la couleur, et qu'on l'expose ainsi à
la lumière, recouverte d'une gravure coloriée, on
obtient réellement, après très peu de temps d'exposition, une reproduction de cette gravure avec
toutes les couleurs ; mais les couleurs, le plus
souvent, ne sont pas visibles ; quelques-unes seu-

lement apparaissent lorsque l'exposition à la lumière a été assez prolongée ; ce sont les verts, les rouges, et quelquefois les bleus ; les autres couleurs et, fréquemment, toutes les couleurs, quoique ayant impressionné la plaque, n'ont produit qu'un effet latent ; il suffit en effet pour les faire apparaître de frotter l'image avec un tampon de coton imbibé d'ammoniaque.

Niepce de Saint-Victor a pensé qu'on pourrait trouver une substance susceptible non seulement de développer l'image, mais encore de la fixer, de la rendre inaltérable. Il a essayé dans ce but un grand nombre de corps : la vapeur de mercure révèle bien l'image, mais avec un ton gris uniforme, sans couleurs ; avec une solution faible d'acide gallique additionnée de quelques gouttes d'ammoniaque, l'image apparaît encore, surtout si on a soin de chauffer la plaque et de la sécher sans la laver ; mais elle ne présente toujours pas de couleurs.

Bien qu'ayant essayé un très grand nombre de corps, Niepce de Saint-Victor n'a pu arriver à fixer complètement les couleurs ; il a seulement réussi à en retarder l'altération en en enduisant l'image avec une solution de chlorure de plomb, mélangée de dextrine.

Néanmoins les résultats qu'il obtint furent très intéressants ; ayant photographié une poupée habillée d'étoffes de diverses couleurs présentant des galons d'or et d'argent, ceux-ci furent reproduits avec leur éclat métallique et toutes les couleurs se dessinèrent avec une telle netteté que son oncle, en voyant cette image, ne put s'empê-

cher de dire qu'il parviendrait un jour à reproduire son image telle qu'il la voyait dans une
glace.

Les photochromies colorées obtenues par Becquerel et par Niepce de Saint-Victor présentaient
un caractère particulier, qui, comme nous le verrons plus tard, présente un grand intérêt ; les
couleurs variaient, selon la position de l'œil,
comme varient dans les mêmes conditions les
nuances d'une bulle de savon ou de l'œil de la
plume de paon.

Quelle est la théorie de la formation de ces
couleurs ? Arago, le premier, dit qu'il fallait voir
dans ces colorations des effets où le phénomène
des anneaux colorés devait jouer un certain rôle.

Le passage suivant, extrait du journal *La
Lumière* (le premier journal consacré à la photographie), montre nettement que l'on pensait à
cette époque que les couleurs obtenues par M. Becquerel étaient dues aux interférences.

M. Ross pensait qu'il se produisait dans les images pho-
tochromatiques de M. E. Becquerel des teintes dues aux
lames minces telles que les montrent les bulles de savon,
les anneaux colorés, etc.; et que les couleurs sont dues à
une épaisseur variable d'un composé qui se produirait sous
l'action de la lumière. (*La Lumière*, 1855.)

Enfin Edmond Becquerel écrivit lui-même, à
propos de ses expériences, les lignes suivantes :

La lumière étant le résultat de vibrations transversales
des corps lumineux jusqu'à la rétine, et chaque rayon du
spectre correspondant à une vitesse de vibration différente,
il peut se faire que la substance sensible qui a été impressionnée par un rayon, c'est-à-dire par des vibrations
d'une certaine vitesse, ait acquis la faculté de vibrer plus
facilement ensuite sous l'action des vibrations de même

5

vitesse que celles de ce rayon. Ainsi il se produirait dans
cette circonstance le même phénomène que celui qui se passe
quand une réunion de sons vient frapper une corde tendue ;
il n'y a que les sons de même hauteur que celui rendu par
la corde qui mettent celle-ci en vibration. De même dans
ces phénomènes, un faisceau de lumière diffuse qui vient
frapper une image colorée produite par la lumière renfermant une masse de vibrations différentes, chaque partie de
l'image vibrerait de préférence sous l'influence des rayons
de même longueur d'onde que ceux qui ont agi pour la produire et alors les rayons réfléchis par les divers points de
cette image se trouveraient identiques à ceux qui lui ont
donné naissance.

Un savant modeste, Tillmann, écrivit en 1863,
à propos des expériences de Niepce de Saint-
Victor, les lignes suivantes dont nous verrons
l'importance en parlant du procédé de M. Lippmann :

Il n'est pas sans intérêt pour les photographes praticiens
d'avoir quelques explications claires et succinctes et sur les
causes des phénomènes lumineux, et sur les perfectionnements et les difficultés que comporte l'obtention des couleurs
naturelles sur les couches sensibles. On peut réduire succinc-
tement toutes les réflexions aux remarques suivantes :

L'action de la lumière a lieu à travers un milieu éthéré
ondulant et produit trois genres d'effets distincts, savoir :
effets coloriques, caloriques et actiniques.

L'effet colorant résultant de l'action d'une seule nature
d'onde, dépend probablement des variations harmoniques
qui se développent en proportion de la vélocité des ondes.
Ces ondes produisent l'image visible à l'œil dans la chambre
noire, mais ont peu ou point d'influence pour produire les
effets invisibles sur les plaques préparées.

. . . .

3° Les ondes de plus haute vélocité possèdent le pouvoir
actinique qui est gradué par la somme de lumière envoyée
par chaque point de l'objet à copier;

4° Il est évident que les rayons actiniques étant la princi-
pale, sinon la seule cause des changements chimiques, doivent imprimer leur caractère propre à la préparation chimique,
à l'exclusion de ceux qui appartiennent à l'action calorifique;

5° Les rapports de vélocité des ondes développant l'impression de la couleur sont généralement détruits au moment où ces ondes agissent sur la plaque, comme le rapport de gouttes d'eau tombantes disparaît quand ces gouttes sont mêlées ensemble. De plus, les atomes de la couche sensible doivent revêtir le mouvement vibratoire des ondes frappantes, l'action n'ayant plus besoin d'être de longue durée, parce que la même espèce de matière ne peut avoir différentes valeurs de vibrations chacune normales et permanentes ;

6° Outre un changement dans le mouvement moléculaire, nous pouvons concevoir un changement dans la position et l'arrangement des molécules, comme quand on présente une lame mince qui peut avoir pour effet de décomposer la lumière et de réfléchir un grand nombre de teintes délicates, comme il arrive pour l'écaille de l'huître perlière. Il est possible que ce changement soit aussi permanent que le changement chimique produit par les rayons actiniques. Déjà, il a été produit par l'expérience que les ondes éthérées ont le pouvoir d'agréger et de disposer les molécules ou les atomes ;

7° Les changements chimiques produits par la lumière peuvent différer absolument en degrés à cause de l'homogénéité de la substance qui couvre la plaque sensible, et en vue de ce cas, le savant est à l'abri, en s'assurant que les couleurs de la nature ne peuvent être imitées jusqu'à ce que nous ayons parfaitement sous notre contrôle les matières avec lesquelles elle travaille. Ainsi, les quelques éléments dont elle se sert pour produire les couleurs magnifiques du royaume végétal, sont bien loin d'être reproduites par aucun maître. Ces couleurs ne sont point superficielles, elles sont le résultat d'une structure intérieure. L'arrangement graduel et systématique de chaque cellule s'accorde avec le pouvoir de la croissance : quand chacun pourra tisser des atomes à son gré et combiner les substances élémentaires avec les moyens que la chimie met en notre pouvoir, et qui sont si loin de ce qu'il faudrait, il pourra construire alors le fondement d'une représentation chromatique. Mais quant à préparer une surface avec quelques-uns des composés actuellement connus en chimie, qui puisse donner la totalité de la gamme des couleurs permanentes, c'est une proposition qui ne peut être soutenue.

Comme on le voit, après les recherches de Becquerel et de Niepce de Saint-Victor, l'avis unanime semblait être que les couleurs obtenues étaient dues à des couleurs d'interférences. En 1879, le capitaine Abney, en présentant à la Société

royale de Londres une photochromie du spectre
solaire obtenue avec une pose de deux minutes
sur une plaque d'argent recouverte d'une émulsion au collodio-bromure d'argent, dit que les
colorations obtenues par le procédé de Becquerel
n'étaient pas dues aux phénomènes d'interférences, mais à une oxydation des sels employés;
il apporta quelques preuves à l'appui de ses
dires; mais, quelques années plus tard, la célèbre
expérience du professeur G. Lippmann devait lui
donner tort et donner au contraire raison aux
idées de Becquerel, Tillmann, etc.

LA DÉCOUVERTE DE M. G. LIPPMANN

Solution définitive du problème de la photographie directe des couleurs. — Emploi d'un miroir de mercure. — Application des phénomènes d'interférence. — Causes des insuccès de Becquerel, relatifs à la fixation des couleurs.

Ce n'est que quarante-trois ans après les expériences de Becquerel que le problème de la photographie directe des couleurs fut définitivement résolu. C'est en effet en février 1891 que M. G. Lippmann, professeur à la Sorbonne, présenta à l'Académie des Sciences la première photographie en couleurs du spectre solaire, qui puisse être conservée, même en pleine lumière; il fit à ce sujet la communication suivante que nous reproduisons *in-extenso* :

Je me suis proposé, dit M. Lippmann, d'obtenir sur une plaque photographique l'image du spectre avec ses couleurs, de telle façon que cette image demeurât désormais fixée et pût rester exposée indéfiniment au grand jour sans s'altérer.

J'ai pu résoudre ce problème en opérant avec les substances sensibles, les développateurs et les fixatifs courants en photographie, et en modifiant simplement les conditions physiques de l'expérience. Les conditions essentielles pour obtenir les couleurs en photographie sont au nombre de deux : 1° continuité de la couche sensible ; 2° présence d'une surface réfléchissante adossée à cette couche.

J'entends par continuité l'absence de grains : il faut que l'iodure, le bromure d'argent, etc., soient disséminés à l'intérieur d'une lame d'albumine, de gélatine ou d'une autre matière transparente ou inerte, d'une manière uniforme et

sans former de grains qui soient visibles même au microscope ; s'il y a des grains, il faut qu'ils soient de dimensions
négligeables par rapport à la longueur d'onde lumineuse.

L'emploi des grossières émulsions usitées aujourd'hui se
trouve par là exclu. Une couche continue est transparente
sauf ordinairement une légère opalescence bleue. J'ai employé comme support l'albumine, le collodion et la gélatine,
comme matières sensibles l'iodure et le bromure d'argent;
toutes ces combinaisons donnent de bons résultats.

La plaque, sèche, est portée par un châssis creux où l'on
verse du mercure ; ce mercure forme une lame réfléchissante
en contact avec la couche sensible.

L'exposition, le développement, le fixage se font comme si

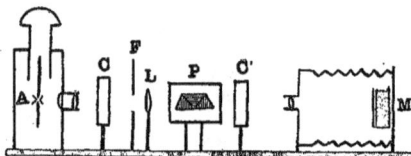

Fig. 13. — Dispositif de M. G. Lippmann pour obtenir la photographie en couleurs du spectre solaire. A Lampe à arc voltaïque, C
cuve renfermant une solution d'alun pour absorber la chaleur
émise par l'arc ; F dont la lentille L projette l'image sur la plaque
sensible ; P prisme ; C' cuve renfermant le liquide décoloré ; M
miroir de mercure et plaque sensible.

l'on voulait obtenir un négatif noir du spectre; mais le résultat est différent : lorsque le cliché est terminé et séché,
les couleurs apparaissent.

Le cliché obtenu est négatif par transparence, c'est-à-dire
que chaque couleur est représentée par sa complémentaire.
Par réflexion, il est positif, et l'on voit la couleur elle-même,
qui peut s'obtenir très brillante. Pour obtenir ainsi un positif,
il faut révéler ou parfois renforcer l'image de façon que le
dépôt photographique ait une couleur claire, ce qui s'obtient,
comme l'on sait, par l'emploi de liqueurs acides.

On fixe à l'hyposulfite de soude suivi de lavages soignés.
J'ai vérifié qu'ensuite les couleurs résistaient à la lumière
électrique la plus intense.

La théorie de l'expérience est très simple. La lumière incidente, qui forme l'image dans la chambre noire, interfère

avec la lumière réfléchie par le mercure. Il se forme, par suite, dans l'intérieur de la couche sensible un système de franges, c'est-à-dire de maxima lumineux et de minima obscurs. Les maxima seuls impressionnent la plaque ; à la suite des opérations photographiques, ces maxima demeurent marqués par des dépôts d'argent plus ou moins réfléchissants qui occupent leur place. Les couches sensibles se trouvent partagées par ces dépôts en une série de lames minces qui ont pour épaisseur l'intervalle qui séparait deux maxima, c'est-à-dire une demi-longueur d'onde de la lumière incidente. Ces lames minces ont donc précisément l'épaisseur nécessaire pour reproduire par réflexion la couleur incidente.

Les couleurs visibles sur le cliché sont ainsi de même nature que celles des bulles de savon. Elles sont seulement plus pures et plus brillantes, du moins quand les opérations photographiques ont donné un dépôt bien réfléchissant. Cela tient à ce qu'il se forme dans l'épaisseur de la couche sensible un très grand nombre de lames minces superposées ; environ 200, si la couche a, par exemple, 1/20 de millimètre. Pour les mêmes raisons, la couleur réfléchie est d'autant plus pure que le nombre des couches réfléchissantes augmente. Ces couches forment, en effet, une forme de réseau en profondeur, et, pour la même raison que dans la théorie des réseaux par réflexion, la pureté des couleurs va en croissant avec le nombre des miroirs élémentaires.

Comme M. G. Lippmann employait des plaques non orthochromatisées, il était obligé d'avoir recours au procédé de la triple pose, pour que chaque couleur eût le temps de pose qui lui convenait. Il employait comme premier écran une petite cuve de verre à faces parallèles, contenant une solution d'hélianthine rouge, substance qui absorbe complètement les radiations jaunes, vertes et violettes, comme second écran la même cuve remplie cette fois d'une solution de bichromate de potasse qui laisse passer le rouge, le jaune et le vert ; on supprimait toute cuve pour faire agir le bleu et le violet. Les temps de pose étaient de quelques secondes sans cuve, de deux heures en-

viron avec la cuve d'hélianthine et de vingt à trente
minutes avec celle contenant le bichromate; la
pose pour le rouge devant être beaucoup plus
longue que pour les autres couleurs, il n'y avait
aucun inconvénient à laisser agir le rouge en même
temps que le jaune, le vert, le bleu et le violet.

Cette longue durée de pose n'était guère pratique pour reproduire d'autres sujets que le spectre solaire; aussi M. Lippmann ne tarda-t-il pas à
employer non plus des plaques ordinaires, mais
des plaques isochromatiques qui lui permirent
d'obtenir sous écran, avec un temps de pose relativement court, des photochromies de divers objets
colorés, qu'il présenta en mai 1892 à l'Académie
des Sciences, avec la note suivante :

Dans la première communication que j'ai eu l'honneur de
faire à l'Académie sur ce sujet, je disais que les couches
sensibles que j'employais alors manquaient de sensibilité et
d'isochromatisme, et que ces défauts étaient le principal
obstacle à l'application de la méthode que j'avais imaginée.
Depuis lors, j'ai réussi à améliorer la couche sensible et, bien
qu'il reste encore beaucoup à faire, les nouveaux résultats
sont assez encourageants pour que je me permette d'en faire
part à l'Académie.

Sur des couches d'albumino-bromure d'argent, rendues
isochromatiques par l'azaline et la cyanine, j'obtiens des
photographies très brillantes du spectre. Toutes les couleurs
viennent à la fois, même le rouge, sans interposition d'écrans
colorés, et après une pose comprise entre cinq et trente secondes.

Sur deux de ces clichés, on remarque que les couleurs
vues par transparence, sont très nettement complémentaires
de celles qu'on aperçoit par réflexion. La théorie indique
que les couleurs, vues par transparence, sont très nettement
complémentaires de celles qu'on aperçoit par réflexion. La
théorie indique que les couleurs composées que revêtent les
objets naturels devraient varier en photographie au même
titre que les lumières simples du spectre. Il n'en était pas
moins nécessaire de vérifier le fait expérimentalement. Les

quatre clichés que j'ai l'honneur de soumettre à l'Académie représentent fidèlement des objets assez divers : un vitrail à quatre couleurs; un groupe de drapeaux; un plat d'oranges surmontées d'un pavot rouge; un perroquet multicolore. Ils montrent que le modèle est rendu en même temps que les couleurs.

Les drapeaux et l'oiseau ont exigé de cinq à dix minutes de pose à la lumière électrique ou au soleil. Les autres objets ont été faits après de nombreuses heures de pose à la lumière diffuse. Il reste donc encore beaucoup à faire avant de rendre le procédé pratique.

M. G. Lippmann ne tarda pas à montrer que les couches sensibles aux sels d'argent n'étaient pas les seules qui soient susceptibles d'être employées pour son procédé de photochromie interférentielle; en octobre 1892, il présenta la note suivante à l'Académie des Sciences, sur l'emploi de couches de gélatine ou d'albumine bichromatées :

On sait qu'une couche sèche d'albumine ou de gélatine bichromatée est modifiée par la lumière : la matière organique devient moins hygrométrique.

La plupart des procédés d'impression photomécanique employés dans l'industrie sont fondés sur cette action de la lumière.

Une couche d'albumine (ou de gélatine) bichromatée, coulée et séchée sur verre, est exposée à la chambre noire, adossée à un miroir de mercure. Il suffit ensuite de la mettre dans l'eau pure, qui, en enlevant le bichromate, fixe l'épreuve en même temps qu'il la développe. L'image disparaît quand on sèche la plaque, pour reparaître chaque fois qu'on la mouille de nouveau.

Les couleurs sont très brillantes; on les voit sous toutes les incidences, c'est-à-dire en dehors de l'incidence de la réflexion régulière.

En regardant la plaque par transparence, on voit nettement les complémentaires des couleurs vues par réflexion.

La gélatine bichromatée se comporte de même, sauf que les couleurs apparaissent à leur place, non quand la plaque est mouillée en plein, mais quand on la rend légèrement humide en soufflant à sa surface.

La théorie de l'expérience est facile à faire. Comme dans le cas des couches sensibles contenant un sel d'argent, le miroir de mercure donne lieu, pendant la pose, à une série de maxima et de minima d'interférences. Les maxima seuls impressionnent la couche, qui prend, par suite, une structure lamellaire et se divise en couches alternativement gonflables et non gonflables par l'eau. Tant que la plaque est sèche, on n'aperçoit pas d'images; mais dès que l'eau intervient, les parties de la couche non impressionnées s'en imbibent. L'indice de réfraction varie dès lors périodiquement, dans l'épaisseur de la couche, de même que le pouvoir réflecteur, et l'image colorée devient visible.

L'explication de la formation des couleurs dans les épreuves de M. G. Lippmann est des plus simples, comme on peut en juger par les lignes suivantes que nous extrayons d'une conférence faite au Conservatoire des Arts et Métiers par le savant professeur (2).

Fig. 14 (1).

Le dépôt d'argent réduit est stratifié : il se compose d'une série de lames minces d'argent équidistantes partageant la

(1) Figure extraite de l'ouvrage de MM. G. H. Niewen-glowski et A. Ernault, *Les couleurs de la photographie*, Paris, Société d'éditions scientifiques, 1895.

(2) Conférences publiques sur la photographie, organisées au Conservatoire national des Arts et Métiers. Paris, 1893, Gauthier-Villars, éditeur.

gélatine ou l'albumine qui leur sert de support en lames minces superposées. Là où on voit par exemple du rouge, la distance entre deux dépôts d'argent, ou, en d'autres termes, l'épaisseur de la couche de gélatine qui les sépare, est égale à la demi-longueur d'onde rouge. Chacune de ces lames minces agit donc comme une bulle capable de réfléchir du rouge. De même, si plus loin on aperçoit du vert, c'est qu'en cet endroit la stratification est plus serrée et que les lames minces n'ont plus pour épaisseur que la demi-longueur d'onde du vert. Et de même pour les autres parties du spectre. La figure 14 représente schématiquement le dépôt photographique partagé en lames minces, d'épaisseur décroissante du rouge au violet.

Il faut remarquer qu'il est impossible de représenter par une figure l'épaisseur vraie de ces dépôts. En effet, l'épaisseur de chaque lame, ou la demi-longueur d'onde, est :

Pour le rouge............ $\dfrac{1}{3.300}$

Pour le jaune............ $\dfrac{1}{4.000}$

Pour le violet............ $\dfrac{1}{5.000}$

En d'autres termes, supposons que la couche de gélatine sensible ait l'épaisseur d'une feuille de papier ordinaire, ou de 1/10 de millimètre. Cette couche après l'action photographique se trouvera partagée :

Dans le rouge en 330 lames minces ;
Dans le jaune en 400 lames minces ;
Dans le violet en 500 lames minces.

En définitive, on voit que l'action photographique n'a fait que fixer, en la remplaçant par un dépôt d'argent, la position de chaque maximum d'action lumineuse. Or, ces maxima d'action lumineuse sont séparés par des distances égales à une demi-longueur d'onde de la lumière employée ; c'est pourquoi les lames ainsi obtenues ont précisément cette épaisseur. La vibration lumineuse s'est, en quelque sorte, moulée par une photographie dans l'épaisseur de la lame impressionnée.

La théorie si simple donnée par M. G. Lippmann est confirmée par un certain nombre de faits, dont le plus probant est que les couleurs

des photochromies interférentielles varient avec
la ponction de l'œil qui les examine ; il en est de
même, nous l'avons vu, de toutes les couleurs dues
aux interférences.

Cette théorie s'applique aussi bien au procédé
de Becquerel ; en particulier elle explique pourquoi toutes les tentatives faites pour fixer les
images obtenues ont échoué : les lames d'argent
produisant les couleurs n'étaient soutenues que
par le sel sensible non impressionné ; en le dissolvant, tout l'édifice s'écroulait ; d'autres fois, à la
lumière du jour, ce sel sensible finissait par être
lui-même impressionné et l'image ne tardait pas
à disparaître. Au contraire, dans le procédé de
M. G. Lippmann, les petites lamelles d'argent
sont noyées dans une couche d'albumine, de collodion ou de gélatine qui les soutient et maintient
leurs distances invariables.

EXPÉRIENCES POSTÉRIEURES

A LA DÉCOUVERTE DE M. LIPPMANN

Recherches de MM. Lumière. — Expériences de M. de Saint-Florent. — Délicatesse du procédé Lippmann. — Mode d'examen des photochromies.

Bien qu'il y ait déjà plusieurs années que M. G. Lippmann a publié sa belle découverte, le nombre des expérimentateurs qui ont pu la reproduire est très limité. C'est qu'étant donné la structure si délicate que doit avoir l'image, la moindre variation dans les conditions de l'expérience fausse les résultats.

Les constructeurs ont cependant imaginé de nombreux modèles de « châssis à mercure » permettant de transformer n'importe quelle chambre noire, munie de n'importe quel objectif, en un appareil capable de produire des photochromies interférentielles; dans ses recherches le professeur Lippmann renfermait le mercure entre la plaque sensible et une plaque de verre séparées par un cadre de bois et maintenues par de vulgaires pinces de blanchisseuse.

Mais s'il est facile de trouver dans le commerce tout le matériel nécessaire, on ne saurait y trouver de plaques convenables; les plaques du commerce, en effet, n'ont pas la transparence néces-

saire; leur opacité est due aux grains de bromure d'argent noyés dans la gélatine, qui constituent l'émulsion sensible.

On peut indifféremment employer le procédé
à collodion sec, le procédé à l'albumine ou le procédé à la gélatine. Un des rares amateurs qui aient
répété l'expérience de M. G. Lippmann, M. Con-
tamine, se sert de plaques à l'albumine qu'il prépare lui-même ainsi qu'il suit :

A l'aide d'un disque en bois emmanché au bout
d'une baguette, on baratte un blanc d'œuf dans
une éprouvette à pied jusqu'à ce qu'on obtienne
une mousse épaisse ; à ce moment on laisse reposer plusieurs heures l'albumine pour la filtrer ensuite à travers un tampon de coton préalablement
bien nettoyé dans une lessive de potasse bouillante.
On l'additionne alors de quelques gouttes d'une
solution alcoolique saturée de cyanine et d'érythrosine et de quelques gouttes de solution d'iode
dans l'iodure de potassium. On laisse reposer dans
une cave fraîche et aérée quelques heures, on
filtre et on laisse de nouveau reposer quelques
jours avant d'étendre sur la plaque de verre. Quand
la première couche est sèche, on la recouvre d'une
seconde et lorsque cette dernière est sèche, on
plonge la plaque dans le bain :

Eau...................... 100
Azotate d'argent......... 10
Acide acétique........... 10

On laisse sécher dans l'obscurité la plaque qui
doit être utilisée dans les trois ou quatre jours.

Comme on le voit, c'est une opération assez délicate; MM. A. et L. Lumière sont, certainement, de tous ceux qui ont répété l'expérience de M. Lippmann, ceux qui ont le mieux réussi, comme on peut en juger du compte rendu suivant de la séance du 11 mai 1893 du Photo-Club de Paris, compte rendu extrait du journal *Le Temps* :

Un vrai régal pour les yeux, hier au soir, au siège de la Société du Photo-Club de Paris, où M. Berget, attaché au laboratoire des recherches physiques de la Sorbonne, présentait des clichés de paysage en couleurs obtenus par MM. Lumière, d'après la méthode de M. Lippmann. MM. Lumière, après de longues recherches, ont réussi à préparer des plaques de gélatino-bromure susceptibles de se conserver pendant un temps assez long, et le grain en étant assez fin pour permettre la reproduction des couleurs, il nous a été donné de voir les merveilleux résultats auxquels ils sont arrivés.

Ce sont vraiment des aquarelles que nous avons pu admirer dans ces clichés. Voici un bouquet : roses, violettes, jasmins, nous sont apparus avec leurs couleurs vraies, réelles ; avec leur délicatesse infinie de tons si multiples et si variés. Tout y est, le vert et le blanc, le bleu et le rouge, et le rose et le violet avec leur souplesse, leur velouté, tout y est rendu... fors l'odeur. Voilà maintenant un coin de parc avec un ciel d'un bleu exact, avec des allées sablées que l'on distingue avec une netteté parfaite, de la terre remuée des pelouses ; voici encore un petit cottage ravissant, une maisonnette tout ensoleillée — et de quel soleil ! — un sous-bois fait de verts sombres et clairs, avec des éclaircies délicieusement réparties, le tout donnant la sensation même de la nature.

Nous arrivons à la reproduction d'une série de chromolithographies dont les couleurs crues nous sont bien connues pour les avoir rencontrées, journellement, sur les boîtes d'allumettes-bougies. C'est le maréchal Soult — ou soi-disant tel — qui nous est présenté avec sa (frégate) empanachée d'un blanc superbe, ce blanc dont la reproduction est le comble de la photographie des couleurs, nous dit M. Berget. Ce sont des caricatures, ce sont des affiches que nous avons vues maintes fois sur les murs, qui nous sont offertes et dont nous reconnaissons bien, sous les projections oxhydriques, les tonalités familières à nos yeux ; c'est aussi un écran japonais avec le coloris exotique que l'on constate dans ce genre de peinture.

M. Berget nous a donné, à ce sujet, les explications suivantes :

La photographie des couleurs vient de faire certainement un grand pas. Le problème de l'isochromatisme est aujourd'hui résolu ; car nous avons maintenant des glaces également sensibles à toutes les couleurs ; voyez les bleus et les blancs des paysages qui viennent de nous être montrés ; dans les photographies ordinaires le ciel est, comme vous savez, d'un blanc cru, on dit qu'il est solarisé ; dans les épreuves nouvelles, les ciels sont venus avec leurs bleus justes. Quant au blanc, il est la résultante de toutes les couleurs simples.

Il faut dire cependant qu'il reste à accélérer le temps de pose, qui est encore de vingt-cinq à trente minutes, alors qu'il dépassait d'abord, il est vrai, plus d'une heure. Il serait, en effet, assez difficile de trouver une personne assez complaisante ou assez désireuse d'avoir sa photographie en couleurs, pour rester une demi-heure durant en plein soleil.

Un autre desideratum est aussi à formuler : chaque épreuve est unique, et il en était de même jadis pour les daguerréotypes : il faudrait donc pouvoir tirer les épreuves sur papier.

MM. Lumière sont en effet arrivés à préparer une émulsion de gélatino-bromure d'argent sans grain, ayant par suite toutes les qualités de transparence voulues ; il leur a fallu pour y arriver faire un très grand nombre d'essais qui ont demandé beaucoup de temps. Ces expériences ont été faites avec le plus grand soin ; c'est ainsi que MM. Lumière ont été amenés à remarquer que la moindre variation dans les conditions de l'expérience, changeait les résultats : en particulier, la température et le degré d'humidité du séchoir dans lequel on fait sécher les plaques influent sur la qualité de leur orthochromatisme. Aussi ont-ils construit un séchoir chauffé par l'électricité, et disposé de manière que sa température et le degré d'humidité de l'air qu'il renferme demeurent absolument invariables. Mais, malgré toutes ces précautions, ils n'ont pu arriver à produire couramment ces photochromies.

Les épreuves en couleurs obtenues par le procédé Lippmann ne doivent pas être regardées n'importe comment; il faut que la lumière tombe sur l'image obliquement et placer l'œil sur la direction de la lumière réfléchie; l'image est plus belle si on la place sur un morceau de velours noir. Une excellente méthode, due aux frères Lumière, consiste à coller sur le dos de l'image, à l'aide de baume de Canada, un petit prisme de verre qui évite les réflexions de la lumière à la surface du verre, réflexions qui viendraient troubler la pureté de l'image. Comme ces épreuves sont très petites, il vaut mieux les agrandir pour les examiner; le plus simple est de les projeter sur un écran.

La découverte de M. G. Lippmann, si elle n'a pu être répétée par tout le monde, à cause des soins minutieux indispensables pour réussir, a provoqué un grand nombre de recherches.

C'est ainsi qu'en 1892, M. H. Krone parvint à obtenir des photochromies interférentielles sans l'emploi du miroir de mercure; la réflexion de la lumière se faisait simplement sur le verre servant de support à la couche sensible; un velours noir placé contre le dos de la plaque facilitait cette réflexion; néanmoins il conclut de ses nombreuses expériences que le miroir de mercure était indispensable si on voulait obtenir des résultats concordants.

A la fin de la même année, M. de Saint-Florent obtint des photographies en couleurs sur une

plaque au gélatino-bromure d'argent ordinaire,
exposée au soleil derrière un original coloré.
Pendant l'insolation, on plaçait devant l'original
un écran rouge orangé, ou mieux, successivement un écran bleu, un écran jaune et un écran
rouge.

Après une pose qui variait entre quinze minutes et une heure, la plaque était simplement
fixée en la passant dans une solution concentrée
d'hyposulfite de soude. Ce fixage était suivi de
toute une série de lavages après lesquels l'épreuve
présentait par la réflexion les couleurs de l'original ; mais ces couleurs disparaissaient au séchage.

En plongeant avant l'exposition la plaque au
gélatino-bromure dans une solution d'azotate d'argent additionnée d'une petite quantité de nitrate
de mercure, la sensibilité était augmentée ; le
temps de pose pouvait être diminué et les couleurs obtenues étaient beaucoup plus vives.

D'après M. de Saint-Florent, les couleurs sont
dues, comme dans le procédé de Lippmann, aux
interférences ; la réflexion de la lumière se ferait
sur la tranche postérieure de la substance sensible.

En remplaçant les plaques au gélatino-bromure
par des plaques au gélatino-chlorure, les épreuves
obtenues présentent non plus les couleurs de
l'original, mais les couleurs respectivement complémentaires.

M. de Saint-Florent a aussi pu reproduire les
couleurs sur une couche d'albumine ou de gélatine
bichromatée étendue sur une plaque métallique

polie ; les couleurs ainsi obtenues présentent un véritable éclat métallique.

Ces épreuves se conserveraient, d'après M. de Saint-Florent, dans une cuvette verticale en terre remplie d'eau phéniquée.

L'action de la lumière sur la gélatine imprégnée d'un mélange de chlorure ferrique et d'acide tartrique, indiquée par Poitevin, lui a aussi fourni de bonnes épreuves en couleurs.

Au lieu d'étendre la gélatine sur verre, M. de Saint-Florent prenait une plaque au gélatino-bromure dont il dissolvait le bromure d'argent dans une solution d'hyposulfite de soude. Après l'avoir bien lavée, elle était plongée dans le mélange de chlorure ferrique et d'acide tartrique et mise à sécher à l'obscurité. Ce mélange rend la gélatine insoluble dans l'eau chaude ; mais l'action de la lumière la ramène à son état primitif.

Une fois sèche, la plaque était insolée derrière l'original coloré et ensuite traitée par l'eau chaude qui enlevait les régions de la gélatine rendues solubles par la lumière.

Les couleurs n'apparaissent que lorsque la plaque est sèche et, comme dans l'expérience de M. Lippmann, ne se voient pas sous toutes les incidences.

Depuis, M. de Saint-Florent a perfectionné son procédé et a communiqué de nouvelles épreuves photographiques en couleurs, sur verre, à la séance du 5 avril 1895, de la Société française de photographie.

Il plonge une plaque au gélatino-bromure d'argent du commerce dans une solution alcoolique

d'iodure de potassium ou d'iodure d'ammonium
à 4 0/0, la durée d'immersion étant de dix minutes. Ce traitement est suivi d'un lavage à fond,
et d'une immersion dans une solution aqueuse de
ferroprussiate de potasse à 10 0/0.

La plaque, une fois sèche (le séchage se fait,
bien entendu, à l'obscurité), est exposée au soleil
derrière un vitrail coloré, devant lequel on a
placé un écran de verre jaune-orangé. Au bout
de dix à quinze minutes, on obtient ainsi une
image négative qui, examinée par réflexion, présente des couleurs respectivement complémentaires de celles du modèle. On plonge alors la
plaque dans une solution concentrée d'hyposulfite de soude durant quelques minutes, puis on
la lave à plusieurs eaux. Les couleurs mêmes de
l'original apparaissent après ce traitement. On
peut remplacer le ferroprussiate de potasse par
du tanin, de l'acide pyrogallique, de l'hydroqui-
none ou du diamidophénol, etc.

M. de Saint-Florent a essayé en vain d'obtenir
de la même manière des images coloriées à la
chambre noire.

PHOTOGRAPHIE DIRECTE DES COULEURS

PAR PEINTURE D'UNE COUCHE SENSIBLE
SOUS L'ACTION DE LA LUMIÈRE

Recherches de Poitevin, de M. de Saint-Florent, de Ch. Cros. — Idées de Wiener sur ces procédés. — Recherches de M. Vallot. — Essais de fixage par M. le capitaine Colson.

Pendant que Niepce de Saint-Victor répétait les expériences de Becquerel, de nombreux chercheurs s'ingéniaient à trouver une couche sensible, étendue sur papier, qui soit susceptible de se colorer directement à la lumière. L'un des plus heureux fut Poitevin, auquel la photographie est redevable de nombreuses et fertiles découvertes. Le 12 janvier 1866, il put présenter à la Société française de photographie des épreuves en couleurs obtenues sur un papier recouvert d'une couche de sous-chlorure d'argent violet, papier qu'il préparait par le procédé suivant, qu'il a lui-même décrit à la séance du 7 décembre 1866 de la Société française de photographie :

« Je forme à la surface du papier photographique, non albuminé, une couche de chlorure d'argent ordinaire en appliquant chaque feuille et d'un seul côté, sur un bain de chlorure de sodium à 10 de sel pour 100 d'eau ; après dessiccation, je l'applique sur du nitrate d'argent à 8 pour 100; j'arrive au même but, en recouvrant, au moyen d'un large

pinceau, l'un des côtés du papier d'une couche d'un mélange de dissolution de bichromate de potasse à saturation
et de sulfate de cuivre à 10 pour 100 fait à volumes égaux;
je laisse sécher la feuille dans l'obscurité, puis j'applique la
surface préparée sur le bain de nitrate d'argent; il se forme
du chromate d'argent; je lave à grande eau pour enlever
l'excès de nitrate, et j'ajoute à la dernière eau de lavage, et

Fig. 15. — Poitevin (1).

goutte à goutte, de l'acide chlorhydrique ordinaire, jusqu'à
ce que le chromate rouge soit transformé en chlorure blanc
d'argent. Ces deux moyens de préparer la couche de chlorure
d'argent sont également bons. Pour obtenir le sous-chlorure
violet, je verse dans la cuvette contenant a feuille de papier
immergée dans l'eau une petite quantité de dissolution de
protochlorure d'étain à 5 pour 100 d'eau ordinaire, il en
faut 20 centimètres cubes par feuille entière; j'expose alors,
et sans la retirer du bain, la feuille à la lumière, à l'ombre
plutôt qu'au soleil; sa surface se teinte promptement, et

(1) Ce portrait, extrait des *Lettres sur la photographie*, par
M. Girard, nous a été gracieusement prêté par M. Charles
Mendel, l'éditeur de ce volume.

après cinq à six minutes elle a acquis la teinte violet foncé voulue.

« Il ne faudrait pas laisser davantage agir la lumière, car on obtiendrait un ton noir grisâtre, impropre à l'héliochromie. Après l'action de la lumière je lave la feuille à plusieurs eaux, et je la laisse sécher dans l'obscurité. Dans cet état elle est très peu sensible à l'action de la lumière, et elle peut être conservée pendant très longtemps, ce qui permet d'en préparer un certain nombre à l'avance, pourvu qu'on les conserve dans l'obscurité. »

Au moment de se servir du papier ainsi préparé, Poitevin passait à sa surface un pinceau trempé dans une solution renfermant un mélange de bichromate de potasse, de sulfate de cuivre et de chlorure de potassium. Une fois sec, il suffisait de l'exposer au soleil cinq à dix minutes derrière une peinture de verre coloriée pour obtenir une reproduction en couleur de l'image.

Poitevin parvint même à fixer, au moins partiellement, ces images :

« J'ai reconnu aussi, disait-il, que le meilleur fixateur est de l'eau légèrement acidulée par de l'acide sulfurique ou bien une solution très diluée de bichlorure de mercure également acidulée par de l'acide sulfurique. L'eau acidulée dissout certains composés d'argent qui se sont formés sur les endroits insolés et, après lavage et dessiccation dans l'obscurité, l'image en couleur n'est presque plus sensible à la lumière ; on peut la conserver sans altération dans un carton ou un album, et même la regarder à la lumière diffuse et surtout à la lumière artificielle, sans aucun inconvénient. »

Les recherches de Poitevin ont été reprises par de nombreux expérimentateurs, notamment par MM. Valton, Chardon, Warton-Simpson, J. Braill Taylor et de Saint-Florent.

Ce dernier plongeait une feuille de papier successivement dans une solution d'azotate d'argent additionnée d'alcool et d'acide azotique, et dans une solution d'azotate d'urane et d'oxyde de zinc, dans un mélange d'acide chlorhydrique et d'alcool. Au sortir de ce mélange, la feuille séchée était exposée à la lumière jusqu'à ce qu'elle eût pris une coloration violette, puis trempée dans une solution aqueuse de nitrate acide de mercure, après quoi on pouvait l'insoler derrière un objet coloré ; l'image obtenue était à peu près fixée en la plongeant dans un mélange d'alcool et d'ammoniaque. Tel est le procédé qu'employait M. de Saint-Florent en 1874.

En 1881, le poète Charles Cros, auquel on doit l'invention du téléphone et du phonographe, eut l'ingénieuse idée d'employer une couche sensible formée d'un mélange de trois pigments colorés correspondant aux trois couleurs fondamentales et tels que le pigment bleu se décolorait sous l'action des rayons oranges, le pigment rouge sous l'action des rayons verts, le pigment jaune sous l'action des rayons bleus et violets. On pouvait soit juxtaposer, soit superposer les trois pigments.

Du collodion coloré en rouge par addition de carthamine était étendu sur une glace. Cette première couche une fois sèche était recouverte d'une couche de gélatine colorée en bleu par de la phyllocyanine ; cette seconde couche étant elle-même recouverte d'une couche de collodion teint en jaune par du curcuma.

Supposons que l'on expose au soleil la glace ainsi préparée, derrière un vitrail ne renfermant que du vert, du violet et de l'orangé : la lumière qui a traversé les portions vertes de l'image et qui ne renferme plus que des radiations vertes, traversera la couche de collodion au curcuma et la couche de gélatine bleue, sans les modifier, mais sera absorbée par la couche de collodion rouge et la décolorera ; sous les portions vertes de l'original, il ne restera donc que du jaune et du bleu, dont le mélange forme du vert.

Il serait facile de voir qu'il se formera de même du violet derrière les régions violettes, de l'orangé derrière les régions orangées ; derrière les parties transparentes, non colorées du vitrail, les trois couches étant également détruites, on ne verra plus que le blanc du support. S'il y a des noirs dans le dessin, sous eux les trois couches resteront inaltérées et leur superposition donne une teinte presque noire.

Nous verrons plus loin l'importance de cette expérience de Charles Cros.

Un an plus tard, en 1882, M. de Saint-Florent put obtenir des photographies coloriées. sur des feuilles de carton recouvertes d'une émulsion au gélatino-chlorure ou au collodio-chlorure d'argent.

Le collodio-chlorure était préparé en versant une solution d'azotate d'argent dans un collodion épais renfermant du chlorure de cobalt ou de magnésium. On l'étendait, en plein jour, sur des cartons qu'on exposait à la lumière jusqu'à ce que la couche sensible fût devenue violacée. Dès ce moment, elle est bonne à employer ; il suffit de l'exposer à la lumière derrière un vitrail coloré. Les couleurs ainsi obtenues sont faibles. On les obtient plus vives en recouvrant la couche de collodio-chlorure exposée à la lumière jusqu'à teinte violette, avec une couche de gélatino-chlorure.

Personne n'avait pu trouver une explication satisfaisante des expériences de Poitevin, de M. de Saint-Florent et de tous ceux qui cherchèrent dans la même voie qu'eux, lorsque, en juin 1895, M. Otto Wiener publia dans les *Annales* de Wiedemann un très intéressant mémoire ayant pour titre : « Photographie des couleurs par couleurs propres aux corps et mécanisme de l'adaptation à la couleur dans la nature (1). »

D'après M. Wiener, les couleurs obtenues avec les procédés de Poitevin, de M. de Saint-Florent, etc., ne sont pas des *couleurs d'apparence*, dues aux phénomènes d'interférence comme celles obtenues par les procédés de Becquerel ou de M. Lumière, mais des *couleurs réelles*, dues aux phénomènes d'absorption.

De nombreuses expériences, très délicates, ont permis à M. Wiener de conclure ainsi ; nous n'en citerons qu'une : si on détache de la lame d'argent qui la supporte la pellicule portant l'image dans le procédé de M. Becquerel, la couche transparente ainsi détachée présente, vue par transmission, des couleurs différentes de celles qu'elle présente, vue par réflexion, tout comme dans les épreuves obtenues par M. Lippmann. Les couleurs transmises ne sont pas exactement les complémentaires des couleurs vues par réflexion comme dans ce dernier procédé, à cause de l'intervention

(1) Ce mémoire a été analysé en détail par M. Bernard Brunhes, professeur à la Faculté des sciences de l'Université de Dijon, dans un article intitulé : « Idées nouvelles sur la photographie des couleurs, d'après les derniers travaux de M. Otto Wiener », paru dans la *Revue générale des sciences*, article que nous résumons en partie.

de la coloration propre de la couche sensible.

Au contraire, les photochromies obtenues par le procédé de Poitevin, détachées de leur support, présentent par transparence les mêmes couleurs que par réflexion.

Quel peut être le mécanisme de la coloration dans ces procédés?

Carey-Lea a montré depuis longtemps que l'action de la lumière sur le chlorure d'argent donnait un sous-chlorure capable de former avec le chlorure non altéré des combinaisons de tous points analogues aux laques colorées qu'on obtient quand on précipite l'alumine en présence de matières colorantes. Carey-Lea a donné le nom de photo-sels à ces combinaisons dont la coloration dépend des proportions de chlorure et de sous-chlorure; on peut obtenir des photo-sels ayant chacun des couleurs du spectre. L'existence des photo-sels est confirmée par ce fait que quand on forme du chlorure d'argent en présence de certaines matières colorantes ou de certains sels métalliques, de fer notamment, il retient ces substances qu'un lavage à l'eau ou aux acides, aussi prolongé soit-il, ne peut lui enlever.

Il en est de même du bromure et de l'iodure d'argent qui donnent des photo-sels avec le sous-bromure ou le sous-iodure.

Ce sont ces photo-sels colorés qui prendraient naissance dans les expériences de Poitevin et de M. de Saint-Florent. Mais comment se fait-il que la lumière rouge produise précisément le photo-sel rouge, la lumière jaune le photo-sel jaune, etc.?

M. Otto Wiener en donne une explication très
simple que nous citons textuellement d'après l'article de M. Bernard Brunhes :

Sur les couches sensibles si ondoyantes, la lumière qui
exercera le moins une action modifiante ou destructive, sera
celle qui sera le moins absorbée, le plus complètement renvoyée par réflexion ou diffusion. Si l'on fait tomber de la lumière rouge sur une plaque colorée en vert, la couche absorbe
le rouge et elle est modifiée par l'action de cette lumière : sa
composition ou sa couleur change. Si elle est rouge, au
contraire, elle renvoie sans l'absorber la lumière rouge et,
par suite, n'est pas modifiée par elle. La seule couleur stable,
celle qui pourra seule durer dans une pareille couche exposée à des rayons rouges, ce sera le rouge.

Comme on le voit aisément, l'application de
M. Otto Wiener est on ne peut plus conforme avec
les recherches de Charles Cros.

M. Otto Wiener qualifie de chromo-sensibles
les substances qui sont ainsi capables de prendre
la lumière de la couleur qui les frappe. D'après
lui, la meilleure couche chromo-sensible idéale
serait noire et composée d'un mélange de substances dont chacune absorberait toutes les couleurs du spectre sauf une, et serait altérée par les
couleurs qu'elle absorbe. Il suffirait d'un mélange
de trois substances, correspondant chacune à une
des couleurs fondamentales.

La lumière blanche détruirait ces trois substances et on ne verrait plus, après qu'elle aurait
agi, que le support qui devrait être blanc. Si on
faisait agir une des trois couleurs fondamentales,
de la lumière bleue, par exemple, seule la substance colorée blanc ne serait pas détruite et partout où la lumière bleue serait tombée la couche,
de noire qu'elle était, deviendrait bleue. Pour ce

qui est d'une couleur composée telle que le vert, il suffit de se reporter à ce que nous avons dit à propos des recherches de Charles Cros.

Cette sorte d'adaptation de la couche chromosensible à la couleur de la lumière qui la frappe, peut être rapprochée de certains phénomènes physiologiques bien connus des naturalistes. La peau d'un grand nombre d'animaux finit par prendre la couleur du milieu dans lequel ils vivent.

Les chrysalides du Lanaïs Chrysippus sont particulièrement curieuses à ce point de vue; généralement vertes, elles deviennent blanches, rouges, orangées, noires ou bleues quand on les élève dans des enceintes entourées de papiers colorés. D'après M. Otto Wiener, ces animaux présenteraient sous leur peau une sorte de couche chromo-sensible et le photographe devrait prendre exemple sur la nature pour fabriquer des substances sensibles permettant de reproduire les couleurs des objets.

Aussitôt après la publication du mémoire de M. Otto Wiener, un habile photographe, M. Émile Vallot, s'est mis à l'œuvre et n'a pas tardé à trouver une couche chromo-sensible susceptible de donner de bons résultats.

Au lieu de superposer les trois substances, comme le faisait Charles Cros, il les juxtapose. Il emploie le pourpre d'aniline ou la safranine pour le rouge, le curcuma pour le jaune, et le bleu victoria pour le bleu. Chacune de ces substances est dissoute dans l'alcool à raison de 0 gr. 20 par 50 centilitres d'alcool; on fait flotter une feuille de papier sur le mélange des trois solutions. Une fois sec, le papier présente une surface noire. On peut dès lors l'insoler derrière un vitrail. Mais pour obtenir les couleurs il faut une pose très longue : deux à trois jours en plein soleil. En outre, M. Vallot n'a pu encore fixer ces images.

Il est fort probable que l'on pourra un jour ou l'autre trouver une couche chromo-sensible plus rapide; mais on aura sans doute de la peine à fixer les images obtenues.

Cependant le capitaine Colson a trouvé un moyen simple d'augmenter la stabilité des colorations obtenues par ces divers procédés, basé sur ce fait curieux que le contact de l'encre ordinaire insensibilise les substances sensibles.

Ses recherches à ce sujet l'ont amené naturellement à produire des photographies colorées; après de nombreux essais infructueux sur le procédé Poitevin, il a pu obtenir de bonnes images au moyen de papiers sensibles au collodio-chlorure et au gélatino-chlorure du commerce; le papier Gelhaye lui a particulièrement donné de bons résultats; le papier albuminé ne se prête pas à ces expériences.

Le papier est exposé au soleil, jusqu'à ce qu'il ait pris une teinte chocolat, puis exposé au soleil derrière l'original coloré. Quand celui-ci présente des colorations intenses, ne laisse passer que très peu de lumière blanche, les résultats sont bons. L'image se montre d'abord négative, puis les couleurs ne tardent pas à apparaître. Il faut retirer l'image un peu avant que les parties claires des couleurs commencent à s'argenter; à ce moment il y a souvent quelques parties de l'image qui sont encore négatives; mais il suffit pour faire apparaître les couleurs en retard, d'exposer l'épreuve à la lumière, comme le conseille M. de Saint-Florent.

Seuls les blancs dans ces images ne sont pas nets; ils sont un peu grisâtres; on les rend plus clairs en exposant à la lumière l'épreuve préalablement mouillée.

Lorsque les colorations de l'original sont claires, laissent passer beaucoup de lumière blanche, le papier s'argente rapidement et on n'obtient que des traces de couleur. Il n'en est pas de même si, après l'avoir bruni à la lumière, on le lave à l'eau, ce qui enlève l'excès d'azotate d'argent. Mais plus on le lave, moins il est sensible. Néanmoins, le temps de pose nécessaire pour obtenir les couleurs n'a rien d'excessif; il varie de deux à quarante-cinq minutes. On expose à la lumière l'épreuve comme dans le cas précédent.

L'image terminée est plongée deux ou trois minutes dans une solution étendue de chlorure de sodium, puis lavée une dernière fois.

Les couleurs ainsi obtenues sont, sans aucun doute, dues à l'absorption et non aux interférences; elles sont, en effet, les mêmes vues par transparence ou par réflexion et elles ne changent pas quand l'image est plongée dans l'eau.

Pour augmenter la stabilité de ces épreuves colorées, on place sur l'image un papier recouvert d'encre noire et sec, et l'on maintient le contact durant deux ou trois jours, dans un livre, par exemple.

Les couleurs faiblissent bien un peu, mais peuvent dès lors être regardées à la lumière du jour sans craindre de les voir disparaître.

Bien que ce ne soit pas là un procédé de fixage proprement dit, ce n'en est pas moins un progrès réel.

LA PHOTOGRAPHIE INDIRECTE
DES COULEURS

HISTORIQUE DE LA DÉCOUVERTE

DE CHARLES CROS

ET DE LOUIS DUCOS DU HAURON

Comme nous l'avons déjà dit, la méthode indirecte de photographie des couleurs est due aux Français Charles Cros et Louis Ducos du Hauron qui, sans se connaître et sans avoir eu la moindre relation, eurent ensemble la même idée qu'ils communiquèrent à la même séance de la Société française de photographie (7 mai 1869).

L'histoire de cette merveilleuse invention semblant peu connue, nous croyons utile de la développer un peu : il y a en effet à l'étranger une tendance à attribuer à d'autres l'invention de nos compatriotes.

Il y a deux ou trois ans, les journaux photographiques allemands firent grand bruit autour de la découverte d'un procédé de photographie des couleurs dû au Dr Selle, procédé qui n'était autre que celui de Charles Cros et Louis Ducos du Hauron. Les Anglais répliquèrent en en attribuant l'invention au physicien américain Ives de Philadelphie. Il est juste de dire que depuis quel-

7

ques mois les journaux anglais semblent reconnaître leur erreur, et commencer à rendre justice aux véritables inventeurs.

Mais M. Ives, tenant à ce que l'invention soit anglaise pour une raison ou une autre, et comprenant bien qu'il ne peut vraiment se l'attribuer, essaye vainement de trouver des recherches antérieures à celles de Cros et Ducos du Hauron.

C'est ainsi que dans un article paru en 1897 dans le « Journal of the Camera Club » de Londres et dans une note adressée à la Société française de photographie en septembre 1897, il prétend qu'un système de photographie en couleurs trichromatiques fut primitivement proposé et exécuté en projection à la lanterne triple par le professeur James Clerk Maxwell à la *Royal Institution* de Londres le 17 mai 1861 (un compte rendu de ces expériences se trouve dans le *Proceedings of the Royal Institution*, 1861), c'est-à-dire sept ans avant les communications de Ducos du Hauron et de Cros. Trois ans avant ces communications, Henry Collen aurait, d'après M. Ives, proposé un système semblable appliqué à la production de l'impression en couleurs; sa communication parut dans le numéro du 27 octobre 1865 du *British Journal of photography*, page 547.

Mais il est facile, en se reportant aux textes mêmes de ces communications, comme l'a fait M. Étienne Wallon (1), professeur de physique au lycée Janson de Sailly, de voir que ces

(1) Bulletin de la Société française de photographie, 15 novembre 1897.

assertions mensongères sont basées sur une inter-
prétation erronée des textes.

En ce qui concerne Henry Collen, sa communication est non pas antérieure, mais postérieure à
la première note de Ducos du Hauron, qui est de
1862, comme nous le verrons plus loin. En outre
le projet d'Henry Collen était très vague, comme
il l'avoue lui-même dans une lettre adressée le
mois suivant aux éditeurs du *British Journal of
photography* : « Ma communication, y dit-il,
n'avait aucun rapport avec la description d'un
résultat de recherches scientifiques; c'était une
simple idée qui m'était passée par la tête. » Il
aurait fallu, pour réaliser les idées d'Henry
Collen, pouvoir obtenir des préparations photographiques sensibles exclusivement et isolément
à chacune des trois couleurs fondamentales, ce
qui n'a pu encore être réalisé et ne semble d'ailleurs pas réalisable. Mais l'idée d'effectuer le
triage des couleurs au moyen d'écrans ou filtres
convenables, permettant de prendre au besoin les
trois clichés sur une même plaque, n'était même
pas émise par Collen.

Quant à la communication de J. Clerk Maxwell,
elle est beaucoup plus intéressante, mais ne
change absolument rien aux droits de nos deux
compatriotes.

L'illustre physicien, auquel on doit de remarquables travaux, notamment sur les rapports de
l'électricité et de la lumière, faisait à la Royal
Institution, le 17 mai 1861, une conférence sur la
théorie des couleurs fondamentales et montrait
la différence qu'il y avait entre la composition des

lumières colorées et la composition des couleurs pigmentaires; différence qui explique le désaccord apparent qu'il y avait entre les observations faites à ce sujet par les peintres, les physiciens et les physiologistes.

Maxwell fut ainsi amené à parler de la théorie de Young, qui suppose que la partie sensible de la rétine comprend trois types de fibres nerveuses bien distincts : chaque type étant isolément sensible à une des couleurs fondamentales. Il exposa les diverses conséquences de cette théorie, ainsi que les expériences qui semblent la confirmer. Il répéta, dans sa conférence, deux de ces expériences :

1° Devant trois lanternes de projections étaient placées trois cuves de verre à faces parallèles contenant la première une solution de sulfocyanate ferrique (rouge), la seconde une solution de chlorure cuivrique (verte) et la troisième une solution de sulfate de cuivre additionnée d'ammoniaque (bleue). Chaque lanterne était munie d'un diaphragme triangulaire, de sorte que le faisceau lumineux en sortant éclairait un triangle sur l'écran. Maxwell dirigea les trois faisceaux de manière que les trois surfaces triangulaires colorées se superposassent partiellement. « On vit alors les couleurs pures apparaître dans les angles, tandis que le reste du triangle contenait les divers mélanges de couleurs, comme dans le triangle des couleurs de Young. »

2° Le procès-verbal de la séance décrit ainsi la deuxième expérience: « Trois photographies d'un ruban de couleur, respectivement prises à travers les trois solutions colorées, sont introduites dans l'appareil; elles fournissent des images représentant séparément les éléments rouges, verts et bleus, comme ils auraient été vus par chacune des trois séries de nerfs de Young, prise à part. La superposition faite, on vit une image colorée, qui, si les images rouge et verte avaient été aussi complètement photographiées que la bleue, aurait été l'image exactement colorée du ruban. Si l'on trouvait des substances photographiques plus sensibles aux rayons les moins réfrangibles, la reproduction des couleurs des objets pourrait être grandement améliorée. »

Ainsi Maxwell n'avait abordé le problème que dans un cas particulier et particulièrement simple, dit M. Étienne Wallon (1), et, d'après le procès-verbal lui-même, l'expérience n'avait pas réussi, en ce que la coloration de l'objet n'était pas exactement reproduite. L'eût-elle été beaucoup mieux si l'auteur avait eu, pour la réaliser, des préparations orthochromatiques? M. Wallon ne le croit pas, estimant avec raison que l'échec était dû surtout à la nature des filtres employés. En outre, Maxwell ne fait aucune allusion à ce que nous appellerons plus loin, avec Louis Ducos du Hauron, le principe de l'antichromatisme.

Malgré l'intérêt de cette expérience peu connue de Maxwell, c'est donc bien en réalité nos deux compatriotes que nous devons réellement considérer comme les inventeurs de la méthode indirecte de photographie des couleurs.

(1) Bulletin de la Société française de photographie, 1897, p. 550.

Louis Ducos du Hauron, qui semble avoir eu le
premier l'idée de trier les couleurs d'un original
pour en faire ensuite la synthèse, est né le
8 décembre 1837 à Langon (Gironde).

Dès sa jeunesse, il s'était voué à une étude
approfondie des sciences physiques. Il s'y était
voué « spontanément, écrit son frère Alcide Ducos
du Hauron (1), par pure vocation, sous les yeux
d'un père passionné lui-même pour toutes les
hautes occupations de la pensée, et, ce qu'il convient de noter, c'est que la velléité ne lui étant
pas venue de faire de cette étude un achemine-
ment vers les carrières officielles, il avait par
cela même, à son insu peut-être, secoué le joug
des programmes de l'enseignement universitaire.
Était-ce pour lui un malheur ou une bonne for-
tune ? La suite des événements semble prouver
que, loin de lui jouer un mauvais tour, cette circonstance lui fut plutôt favorable. Elle maintint
dans leur intégrité les remarquables aptitudes de
ce précoce physicien, c'est-à-dire la curiosité unie
à l'imagination, toutes deux s'avançant de conserve dans les chemins perdus de la Science, dans
de prétendues impasses généralement évitées par
les autres explorateurs ».

En 1858, il se fit déjà remarquer par deux mémoires adressés à la Société académique des
Sciences et des Arts d'Agen ; le premier avait pour
titre : *Mémoire sur les sensations lumineuses*, le
second : *Distribution de la lumière et des ombres*

---

(1) *A.-Ducos du Hauron*, La Photographie des couleurs et
les découvertes de Louis Ducos du Hauron, suivi d'un Manuel
pratique. Paris, A. L. Guyot, éditeur.

dans l'Univers. Ce sont ces mémoires qui lui valurent de la part de l'abbé Moigno le nom de *jeune savant du Midi* (Journal *Les Mondes*, 1ᵉʳ juillet 1869).

C'est le 14 juillet 1862 que Louis Ducos du

Fig. 16. -- Louis Ducos du Hauron (1).

Hauron écrivit son premier mémoire sur la photographie des couleurs, mémoire qu'il envoya à M. Lélut, ami de sa famille et membre de l'Institut (Académie de Médecine et Section des Sciences morales et politiques). On trouvera ce

(1) Ce portrait nous a été obligeamment prêté par M. CHARLES MENDEL. Il est extrait de la Photo-Revue.

mémoire qui était intitulé : *Solution physique
du problème de la reproduction des couleurs par
la photographie*, dans l'ouvrage d'Alcide Ducos du
Hauron : La Triplice photographique des couleurs et l'Imprimerie (1).

M. Lélut envoyait un mois après la réponse
suivante à M. Louis Ducos du Hauron :

« Monsieur,

« Après avoir pris connaissance — une connaissance dans laquelle je suis fort incompétent
— de votre travail sur la Photographie coloriante,
j'ai voulu avoir l'avis d'un des membres éminents
de l'Académie des Sciences. Mon confrère a pensé
que vous ne deviez pas présenter votre mémoire
à l'Académie des Sciences. Il en regarde les déduc-
tions comme insuffisamment sévères, les conclusions comme hasardées, les résultats pratiques
comme douteux. Il n'en rend pas moins justice à
l'esprit qui a inspiré ce mémoire et au travail dont
il est la preuve. Quant à moi, Monsieur, je vais
plus loin que lui, je vous félicite de l'emploi que
vous savez faire de votre temps, et dont votre ma-
nuscrit est la preuve. Ces recherches sont bien
faites, bien exposées, en bons termes, et plus
exactes, plus applicables peut-être que, dans son
esprit de sévérité mathématique, ne l'a pensé mon
confrère de l'Académie des Sciences.

« Veuillez recevoir, Monsieur, l'expression de
mes sentiments les plus distingués.

« I. LÉLUT.

» Gy (Haute-Saône), ce 14 août 1862. «

(1) Paris, Gauthier-Villars, éditeur, 1897.

Les événements, comme on le verra dans les chapitres suivants, ont largement donné raison à M. Lélut.

Après ce mémoire, M. Louis Ducos du Hauron inventa le premier cinématographe, comme en fait foi le brevet français de quinze ans qu'il prit le 1ᵉʳ, mars 1864 sous le numéro 61976 : *Appareil destiné à reproduire photographiquement une scène quelconque avec toutes les transformations qu'elle a subies pendant un temps déterminé,* brevet pour lequel il prit un brevet d'addition le 3 décembre 1864.

C'est le 23 novembre 1868 que M. Louis Ducos du Hauron breveta son procédé de photographie des couleurs, sous le numéro 83061 : *Les couleurs en photographie ; Solution du problème.*

Le 7 mai 1869 il présentait son procédé à la Société française de photographie, accompagnant sa communication des premiers spécimens qu'il avait obtenus, alors que Charles Cros se borna à présenter un mémoire purement théorique, ayant, comme il le dit lui-même dans un article publié le 25 février 1869 dans le journal *Les Mondes,* reculé devant *la grande dépense de temps* et de *mouvement* que lui aurait imposée une production effective d'épreuves en trois couleurs.

Charles Cros, né aussi dans le Midi, à Fabrezan (Aude), en 1842, mort à Paris le 9 août 1888, est peut-être plus connu comme poète que comme inventeur. Ses monologues, tels que *l'Homme propre, l'Homme qui a voyagé, l'Obsession,* etc., ont eu un légitime succès.

C'est le 2 décembre 1867 qu'il déposa à l'Aca-

démie des Sciences de Paris un pli cacheté intitulé : « *Procédé d'enregistrement et de reproduction des couleurs, des formes et des mouve-*

Fig. 17. — Charles Cros.

ments », renfermant le principe de la méthode
indirecte de photographie des couleurs. Mais ce
pli cacheté ne fut ouvert que le 26 juin 1876.

On lui doit aussi une « Étude sur les moyens
de communication avec les planètes (1) » et l'invention du phonographe qu'on attribue souvent,
à tort, à Edison ; il en exposa en effet le principe
dans un pli cacheté déposé le 30 avril 1877, à
l'Académie des Sciences, et ouvert le 3 décembre
de la même année. Il avait pour titre : « *Procédé*

(1) Paris, Gauthier-Villars, 1869.

*d'enregistrement et de reproduction des phéno-
mènes perçus par l'ouïe* ».

Malgré l'identité de leurs procédés, Charles
Cros et Louis Ducos du Hauron n'eurent ensemble aucune discussion d'antériorité. Reconnais-
sant l'un et l'autre leurs mérites respectifs, ils se
lièrent d'amitié. Ce sont les deux inventeurs eux-
mêmes, dit M. Étienne Wallon dans le rapport
qu'il fit à la Société française de photographie
pour l'attribution de la médaille Janssen (1), qui
ont, pour ainsi dire, mis le trait d'union qui
maintenant joint partout leurs noms.

« S'il est vrai, écrit M. Louis Ducos du
Hauron à son rival, que devant la Science l'idée
première l'emporte de beaucoup, en un pareil
objet, sur la recherche et la découverte des
moyens d'exécution, qu'à cela ne tienne, Monsieur,
l'idée première nous appartient à l'un comme à
l'autre. Tel est mon sentiment ; telle est la for-
mule à l'aide de laquelle nous pouvons clore cet
honorable débat, que vous avez eu raison de soulever (2). »

M. Louis Ducos du Hauron terminait en 1891
un mémoire adressé à l'Académie des Sciences,
par ces lignes, relatives à Charles Cros :

Avant de clore ce mémoire, Messieurs, je considère
comme un impérieux devoir de rappeler qu'un homme émi-
nent, feu Charles Cros, dont le nom appartient à la fois
aux Lettres, aux Arts et à la Science, décrivit, dans un pli
cacheté déposé en 1867, la théorie d'un système de reproduction photographique des couleurs établi sur les mêmes

(1) Bulletin de la Société française de photographie, 1897,
page 202.

(2) *Ibidem*, tome XV, page 177.

données que le mien. Sans nous connaître et à deux cents lieues l'un de l'autre, nous avions tous les deux, par le raisonnement, abouti à une même découverte. Pour surcroît de curieuses coïncidences, nous présentâmes chacun à une même séance de la Société française de photographie (7 mai 1869) l'exposé de nos deux méthodes, sœurs jumelles ; j'y avais joint, pour ma part, plusieurs spécimens d'objets colorés transparents, reproduits par contact. Ces spécimens m'avaient demandé des années d'études. Une polémique courtoise, finalement suivie de relations amicales, s'engagea entre Charles Cros et moi dans le journal le *Cosmos* (2, 24 et 31 juillet 1869) pour régler la question de priorité. De ce loyal échange d'explications, il résulta et il fut respectivement reconnu que nous avions eu tous les deux une même inspiration et que chacun de nous avait déduit les mêmes conséquences d'un même principe.

La mort l'a frappé au moment où, vainqueur de la plupart des difficultés d'exécution amoncelées devant lui, comme devant moi, il touchait au triomphe. Resté seul sur la brèche, je crois avoir, à force d'obstination, gagné finalement la bataille.

Il est curieux de constater que nombre de contemporains de Charles Cros et de M. Louis Ducos du Hauron ne surent ou ne voulurent apprécier leur découverte à sa juste valeur. Et c'est peut-être là une des raisons qui ont permis d'attribuer parfois leur invention à des étrangers.

C'est ainsi que M. Léon Vidal, consulté, écrivait au directeur du *Journal de photographie :*

Je pense qu'il est impossible à M. Ducos du Hauron, en employant les procédés par lui décrits, d'arriver à faire un portrait d'après nature semblable à l'original. Je doute même qu'il puisse arriver à faire un portrait quelconque tant soit peu satisfaisant.

J'ai cette conviction absolue que rien n'est moins pratique qu'un procédé qui oblige une personne à poser trois fois pour fournir trois clichés distincts.

Je n'imagine pas qu'il y ait en dehors d'un mannequin, quelqu'un capable de poser trois fois, même pour des poses rapides, en conservant des attitudes et des expressions toujours identiques.

Enfin, en admettant que le tour de force d'une triple pose identique soit accompli, je ne croirai jamais à la possibilité d'obtenir tous les tons de la nature avec les trois seules couleurs que prétend employer M. Ducos du Hauron.

. . . .

Jusqu'à cette heure, rien de probant n'a été mis en ma présence en faveur d'un procédé que je ne crains pas à traiter d'utopie jusqu'à preuve du contraire.

Je regrette seulement que l'on veuille laisser croire au public qu'il y a là une *solution du problème* et que M. Ducos du Hauron, dont je connais toute l'honorabilité et la science, n'ait pas de répugnance à traiter son procédé d'*Héliochromie naturelle*, rien n'étant moins naturel que tous les artifices et superpositions qu'il doit employer pour arriver à produire des résultats si éloignés de l'exactitude et de la valeur artistique.

Je concède à M. Ducos du Hauron que son procédé est un moyen d'arriver photographiquement à l'aide de trois monochromes formés de matières colorantes achetées chez le marchand de couleurs, à produire des épreuves polychromes quelconques, mais rien de plus. (29 novembre 1876.)

Il faut dire que sous le nom de *Photochromie*, M. Léon Vidal venait d'imaginer un procédé consistant à obtenir des images polychromes, en teintes plates, au moyen de réserves ; images auxquelles on donnait le modelé des ombres par la superposition d'une dernière image en noir. Comme on le voit, malgré son nom, la Photochromie, basée sur l'habileté des retouches et le choix des nuances, n'avait aucun rapport avec le problème de la photographie des couleurs.

L'exploitation de ce procédé ne dura d'ailleurs pas longtemps et, dès qu'elle cessa, M. Léon Vidal changea complètement d'avis au sujet de la découverte de Charles Cros et de Ducos du Hauron. Il mit dès lors tant de zèle à en faire le panégyrique que nombre de personnes lui en attribuent l'invention! Dès qu'on semble l'attribuer à un étranger, M. Léon Vidal est le premier à protester.

Charles Cros essaya certainement, mais en vain, de faire exploiter sa découverte, et lorsqu'il découvrit le phonographe, il rencontra les mêmes difficultés, comme en témoigne la lettre suivante qu'il écrivit à Victor Meunier, lettre que nous reproduisons, parce qu'elle indique nettement le sort des inventeurs en France (1):

Voici donc où j'en suis : j'ai été voir B... et je n'ai rencontré que N... que je connaissais déjà et avec qui j'ai eu de très bons rapports au sujet de deux appareils photographiques que j'ai inventés. N... a eu l'air de ne pas me reconnaître d'abord, et ensuite d'ignorer le but de ma visite. Je lui ai expliqué mon affaire et lui ai rappelé que je l'avais déjà expliquée à B... il y a quelques mois.

« Nous sommes trop occupés pour nous mêler de cela, m'a-t-il répondu, et d'ailleurs je vous avertis que des *gens de première force* font en ce moment des recherches exactement dans le même sens que vous indiquez. Faites donc vos expériences vous-même et tâchez d'arriver premier... »

On dirait une réédition de mon affaire de la *Photographie des couleurs*, entrée aujourd'hui dans la pratique industrielle, et qui ne m'est pas généralement attribuée...

La justice se fera peut-être à la longue ; mais, en attendant, il y a dans ces choses un exemple de la tyrannie scientifique du capital.

On exprime cette tyrannie en disant: « Les théories sont choses en l'air et n'ont aucune valeur ; montrez-nous des *expériences, des faits.* » Et de l'argent pour faire ces expériences? Et de l'argent pour aller voir ces faits ? Tirez-vous-en comme vous pourrez.

C'est ainsi que bien des choses ne se font pas en France.

(1) Journal de Photographie, tome III, année 1876, p. 298. Paris, librairie Rorot, 1877.

LA PHOTOGRAPHIE INDIRECTE
DES COULEURS

Principe de la méthode. — Triage des couleurs. — Emploi
d'un appareil à un seul objectif, à trois objectifs. — Poly-
folum chromodialytique. — Chromoscope de M. Zink.

Nous avons vu quel était le principe de la méthode indirecte de photographie des couleurs
imaginée à la fois par Charles Cros et par Louis
Ducos du Hauron.

Il s'agit, écrivait Charles Cros en février 1869, de prendre
trois épreuves différentes, l'une de tous les points plus ou
moins rouges ou qui contiennent du rouge, la seconde de
tous les points jaunes ou contenant une proportion de jaune,
la dernière de tous les points bleus ou contenant du bleu.

Ces trois épreuves, en les supposant obtenues en teintes uniformes comme celles de la photographie ordinaire, exprime-
ront en noir et en gris, plus ou moins foncés, les quantités
respectives de jaune, de rouge, de bleu qu'il y a dans tous
les points du tableau.

Ainsi, on aura l'ensemble de tous les renseignements sur
le tableau proposé, mais non pas sa reproduction pour la vue
immédiate. En un mot, l'*analyse* du tableau est faite au
point de vue de la couleur...

Le procédé d'analyse successive par transparence est le
premier moyen qui m'est venu à l'esprit; il consiste à tami-
ser les rayons à travers des verres colorés. Un second moyen
consiste à prendre successivement trois épreuves avec un
appareil photographique ordinaire, sans aucune modification,
mais en ayant soin d'éclairer les objets à reproduire, d'abord
avec de la lumière rouge, ensuite avec de la lumière jaune,
enfin avec de la lumière bleue.

Mais le premier procédé est incontestablement

le plus pratique. C'est lui qu'employa exclusivement Ducos du Hauron, qui fit de nombreuses expériences de photochromographie.

Lorsque Ducos du Hauron commença ses expériences, les préparations sensibles en usage pour la photographie ordinaire étaient très lentes et, de plus, la plupart n'étaient que peu ou même pas impressionnées par les radiations autres que celles de la région bleue-violette du spectre. On croyait même à cette époque que, seules, ces radiations étaient susceptibles de donner une image latente.

Il parvint néanmoins à un résultat intéressant en prenant comme surface sensible des feuilles de papier dans la pâte desquelles il avait provoqué la formation de bromure d'argent en les faisant flotter successivement sur une solution de bromure de potassium et sur une solution d'azotate d'argent.

Un peu plus tard, il employa des plaques au collodion albuminé qu'il était obligé de préparer lui-même.

Comme écrans, il se servait simplement de verres colorés.

Mais le principal inconvénient du procédé était que le temps de pose devait être très long, notamment pour les clichés exposés avec l'écran rouge ou l'écran vert.

On pourra se passer d'écrans le jour où l'on saura préparer des plaques photographiques sensibles exclusivement les unes au rouge-orangé, es autres au jaune-vert, d'autres au bleu-violet.

Comme écrans, on peut employer soit de petites

cuves en verre à faces parallèles renfermant un liquide coloré convenable, soit des verres plans recouverts de vernis colorés, soit des pellicules de collodion ou de gélatine teintes.

L'emploi de petites cuves de verre permet de faire le triage avec le maximum de précision possible ; de telles cuves peuvent se faire en séparant deux glaces minces par une bague de liège, de bois ou de caoutchouc.

On remplit la cuve avec une solution de ponceau d'aniline ou mieux un mélange de solutions d'éosine et d'aurantia pour constituer l'écran orangé, avec une solution de chlorure de cuivre additionné de sulfate de cuivre pour constituer l'écran vert, avec une solution de noir d'aniline dans l'alcool pour constituer l'écran bleu.

Mais le plus simple est de faire des écrans en gélatine ou en collodion. On additionne du collodion ou une solution tiède de gélatine, d'acide picrique pour l'écran jaune, de ponceau d'aniline pour l'écran rouge, de bleu de méthylène pour l'écran violet.

D'ailleurs la nature des écrans doit varier selon les plaques sensibles que l'on emploie.

Une première méthode consiste à se servir de plaques au gélatino-bromure ordinaires. Contrairement en effet à ce qui avait lieu pour celles au collodion ou à l'albumine, certaines de ces plaques, notamment les Lumière étiquette bleue, sont sensibles à toutes les radiations du spectre, mais beaucoup moins sensibles au jaune, au vert et au rouge. Il en résulte qu'il faudra une pose relativement longue pour obtenir les clichés avec l'écran rouge-orangé et avec l'écran jaune-vert; mais cette lenteur n'a aucune importance s'il s'agit de la réproduction d'objets parfaitement immobiles tels que tableaux, tapisseries, etc.

En employant de telles plaques, il n'est besoin d'aucun écran bleu; on fera seulement une pose très courte : 1/10 à 1/5 de seconde environ pour un paysage; avec l'écran jaune, on fera une pose d'environ deux minutes; enfin avec l'écran rouge-orangé de quatre à cinq minutes.

Une seconde méthode, qui consiste à employer des plaques orthochromatisées pour les radiations correspondant respectivement à deux des clichés, est plus rapide. Le premier cliché sera obtenu sur plaque ordinaire sans interposition d'aucun écran; le second sur plaque *orthochromatique au jaune et au vert* (Lumière, série A), avec interposition d'un écran jaune devant l'objectif; le troisième sur une plaque *orthochromatique sensibilisée pour le vert et le rouge* (Lumière, série B), avec emploi d'un écran rouge-orangé devant l'objectif.

Les durées de pose dans ces conditions sont environ dans les rapports suivants : 1 pour le premier cliché, 5 pour le second, 15 pour le troisième.

Une troisième méthode est de faire les trois clichés sur des plaques panchromatiques, c'est-à-dire orthochromatisées pour tout le spectre (plaques Lumière, série C); mais alors il est indispensable d'employer trois écrans parfaitement choisis : l'écran bleu ne devant laisser passer que les radiations *bleues-violettes*, l'écran jaune que les radiations *jaunes-vertes*, l'écran rouge que les radiations *jaunes-orangées*.

On place parfois les écrans non plus devant l'objectif, mais contre la plaque sensible ; il faut alors qu'ils soient aussi minces que possible et sans défauts. Aussi est-il difficile d'agir ainsi pour de grandes surfaces.

On peut employer un appareil ordinaire pour obtenir les trois clichés. Il faut alors faire les trois poses successivement, on peut aussi se servir d'un appareil muni de trois objectifs identiques, permettant de les obtenir simultanément. Dans ce cas, le mieux est de disposer les trois objectifs en triangle.

Mais en ce cas les clichés ne peuvent être utilisés que pour les projections polychromes, en employant le dispositif indiqué par M. Lippmann.

M. Louis Ducos du Hauron s'est servi d'un tel appareil dans ses premiers essais, et il avait fait en sorte que l'on pût ouvrir et fermer les trois objectifs en même temps. Pour cela, ils étaient diaphragmés différemment et l'écran bleu était très foncé de manière à rendre la pose nécessaire pour obtenir le cliché correspondant, aussi longue que celle nécessitée par la plaque impressionnée derrière l'écran rouge.

Mais un tel appareil présente un petit inconvénient : les trois images étant obtenues de points de vue différents ne sont pas rigoureusement superposables.

En 1874, Louis Ducos du Hauron prit un brevet pour appareil permettant d'obtenir les trois clichés simultanément avec un appareil muni d'un seul objectif.

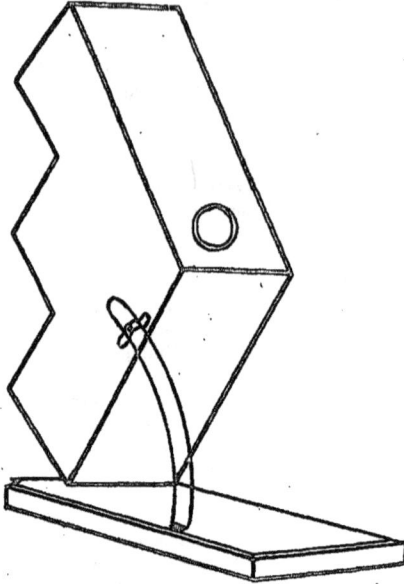

Fig. 18. — Chromoscope Ziuk.

Grâce à l'emploi de trois miroirs convenablement orientés, placés derrière l'objectif, on obtenait une image triple.

Sous le nom de *polyfolium chromodialytique*, M. Ducos du Hauron a imaginé un châssis négatif permettant l'obtention simultanée des trois clichés analytiques, grâce à une alternance d'écrans pelliculaires colorés et de plaques ou pellicules sensibles formant comme les feuillets d'un livre transparent. Dans ce dispositif, le faisceau de lumière qui a traversé l'objectif arrive sur une pellicule sensible transparente, puis rencontre une pellicule transparente jaune ne laissant pas passer les radiations bleues-violettes ; derrière elle se trouve une pellicule sensible transparente, orthochromatisée pour les radiations jaunes-vertes ; la lumière traverse ensuite une pellicule rouge ne laissant passer que les radiations rouges-orangées qui viennent impressionner une troisième et dernière pellicule sensible orthochromatisée pour ces radiations.

M. Zink, photographe à Gotha, a inventé une chambre noire permettant d'obtenir les trois clichés avec un seul objectif. Son photopolychromoscope se compose d'une suite de boîtes, contenant trois miroirs, M, M', M'' inclinés à 45° sur l'axe de l'objectif, dont les deux premiers M, M' sont transparents et le troisième M'' opaque. Les trois plaques sensibles se placent respectivement en P, P', P''. Devant chacune d'elles, sont placés des écrans B bleu-violet, V vert et R rouge.

M. Nachet a récemment construit une chambre noire, destinée au même usage, mais dans laquelle les miroirs sont différemment placés.

Chromoscopes Zink, Nachet. — Héliochromoscope Ives. —
Stéréochromoscope Niewenglowski. — Projections polychromes. — Procédé Lumière.

Sur le négatif obtenu au moyen de l'écran bleu
(ou sans écran), les parties de l'original contenant

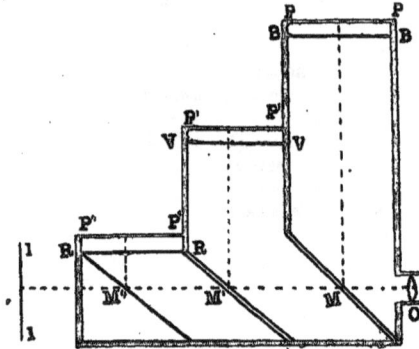

Fig. 19. — Coupe du chromoscope Zink.

du bleu sont représentées par des noirs plus ou
moins intenses; si on en tire un positif transparent, ces parties y seront donc représentées par

des blancs, c'est-à-dire par des régions transparentes. Il en résulte que si on fait passer de la lumière bleue à travers ce positif, ce qu'on obtient par exemple, en le recouvrant d'un verre bleu et en l'examinant par transparence, la lumière bleue ne traversera que les blancs ; on verra donc

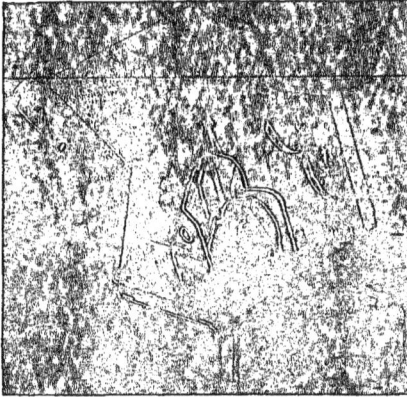

Fig. 20. — Héliodromoscope Ives (modèle primitif).

une image en bleu des régions de l'original contenant du bleu. Il suffira d'en faire autant pour les jaunes et pour les rouges et d'obtenir la superposition des trois images, de manière que les trois lumières colorées s'additionnent pour que l'on ait une reproduction de l'original avec ses couleurs

Dans le mémoire annexé au brevet qu'il prit le
23 novembre 1868, Louis Ducos du Hauron décrivit un dispositif, comprenant trois miroirs et
trois lentilles, permettant de réaliser cette superposition, par addition de lumières, des trois
images monochromes.

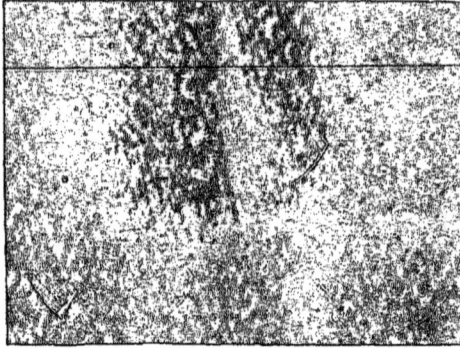

Fig. 21. — Épreuves destinées à être regardées dans
l'Héliochromoscope Ives.

En 1879, Charles Cros présenta à l'Académie
des Sciences un appareil analogue, sous le nom
de chromomètre.

L'appareil de M. Zink (fig. 18 et 19), que nous
avons décrit au chapitre précédent, n'est en réalité qu'une simplification des dispositifs imaginés
par Charles Cros et par M. Ducos du Hauron ; il
a l'avantage de servir à la fois pour prendre les

trois clichés et pour regarder les trois positifs. Il
suffit en effet de les mettre à la place des trois
plaques sensibles P, ·P', P'' et de mettre son œil
devant l'objectif pour voir l'original en couleurs
et même avec un certain relief, comme l'a montré
M. G. H. Niewenglowski.

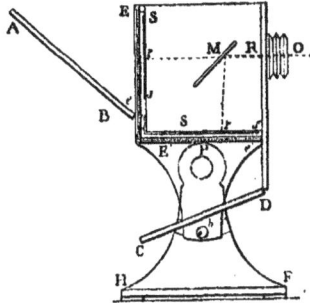

Fig. 22. — Stéréochromoscope Nachet (1).

M. Ives, de Philadelphie, construisit un héliochromoscope assez compliqué, qui comprenait
sept réflecteurs, six lentilles et trois écrans colorés, en tout seize pièces d'optique. Aussi n'a-t-il
pas tardé de modifier un appareil aussi compliqué et de faire un stéréochromoscope ne contenant plus que six pièces optiques (quatre réflecteurs
colorés et deux lentilles) dans lequel on voit les

(1) Figure extraite de l'ouvrage de MM. Niewenglowski et
Ernault, *Les couleurs et la photographie*, Paris, Société
d'éditions scientifiques.

images non seulement en couleurs, mais aussi en relief.

M. Nachet a, sur les conseils de M. Léon Vidal, construit récemment un stéréochromoscope très ingénieux. C'est un véritable stéréoscope dans lequel les deux positifs stéréoscopiques sont recouverts l'un d'un écran bleu, l'autre d'un écran rouge ; un troisième positif $S's$, recouvert d'un écran vert, est placé devant un miroir M en verre platiné, qui en forme une image confondue avec l'image rouge par exemple.

Il en résulte que l'œil gauche par exemple voit les deux images rouge et verte superposées, l'œil droit l'image bleue ; mais grâce au phénomène de la vision stéréoscopique il n'en résulte qu'une sensation unique, montrant l'original en relief et en couleurs.

M. G. H. Niewenglowski a eu l'idée d'appliquer les propriétés de la lumière polarisée à la construction d'un stéréochromoscope dans lequel on peut aisément faire varier l'intensité de chacune des images ; il est ainsi plus facile d'avoir une reproduction fidèle des objets quant à la couleur.

Mais l'emploi de ces chromoscopes divers ne permet de faire voir les photochromographies qu'à un seul spectateur à la fois. Aussi a-t-on eu recours aux projections pour pouvoir les montrer à tout un auditoire à la fois.

Louis Ducos du Hauron et Charles Cros eurent également, dès le début de leur découverte, l'idée d'avoir recours aux projections. Ils indiquèrent de projeter sur une surface blanche, au moyen de trois lentilles, les trois épreuves posi-

tives transparentes tirées respectivement d'après
les trois clichés analytiques et recouvertes de
verres rouge, vert et bleu.

Mais on parut ne pas attacher grande importance à ces idées de projections polychromes,
lorsqu'en 1886 M. Gabriel Lippmann indiqua un

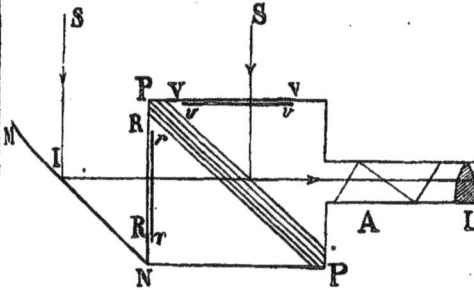

Fig. 23. — Stéréochromoscope Niewenglowski.

dispositif très ingénieux pour prendre les trois
clichés négatifs et pour projeter les trois positifs :
une chambre noire est munie de trois petits
objectifs munis respectivement de trois écrans
colorés convenables ; derrière chacun d'eux on
place, pour obtenir les trois clichés analytiques,
une plaque orthochromatisée pour les radiations
que laisse passer l'écran correspondant.

Une fois les clichés obtenus, on en tire trois
positifs que l'on met à la place des trois plaques
sensibles et qu'on éclaire par derrière. En pla-

çant un écran devant l'appareil, il s'y projette une image en couleurs de l'original, image dont on peut faire varier à volonté la grandeur en plaçant une lentille convergente ou divergente devant les trois objectifs.

Fig. 24. — Nouvel héliochromoscope Ives.

En réalité ce n'est guère qu'en 1889 qu'il se fit un peu de bruit autour des projections polychromes, à propos de celles que fit publiquement M. Ives à Philadelphie et, peu après, M. Gray en Angleterre. Les Américains et les Anglais ne ménagèrent pas les applaudissements à ces auteurs de ces intéressantes exhibitions, mais semblèrent oublier complètement que l'idée première en était due aux deux Français Cros et Ducros du Hauron.

M. Léon Vidal, en février 1892, organisa de telles projections à l'une des conférences si intéressantes qui furent faites en 1891-92 sur la photographie au Conservatoire national des Arts et Métiers. Trois lanternes à projections servaient à superposer sur l'écran les images des trois positifs.

Le Dr R.-D. Gray employait une lanterne quadruple, ce qui lui permettait au besoin de superposer une quatrième image : dans ce cas les écrans étaient pourpre, jaune, vert et bleu.

Fig. 25 .— Disposition des images destinées à être regardées dans le nouvel héliochromoscope Ives.

Que l'on emploie un chromoscope quelconque ou la lanterne à projections pour superposer les trois monochromes, l'image obtenue reproduit on ne peut plus fidèlement les couleurs de l'original, si on a soin *d'employer les mêmes écrans pour le triage lors de la prise des clichés et pour le triage de la lumière qui doit éclairer les trois monochromes noirs.*

MM. A. et L. Lumière ont pris, le 11 novembre 1896, un brevet sur un procédé de synthèse des couleurs très original, dont le principe a été indiqué bien avant par M. Ducos du Hauron (1).

(1) « Un résultat analogue paraît être obtenu non par une soustraction de rayons, mais tout au contraire par une addition. Ce second mode consiste à tirer de trois négatifs *trois positifs noirs,* à éclairer chacun de ces positifs par la

Ils utilisent la persistance des compressions lumineuses sur la rétine : un objet lumineux étant placé devant l'œil, l'impression faite sur la

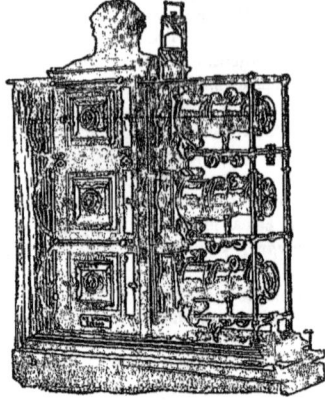

Fig. 26. — Lanterne triple pour projections polychromes (1).

rétine persiste un certain temps, très court (1/10 de seconde), après le départ de l'objet.

lumière colorée de laquelle il procède et à les superposer devant l'œil par un moyen d'optique, tel que des projections sur un écran ou des reflets sur des glaces sans tain, *ou bien encore en substituant rapidement et tour à tour l'une à l'autre ces trois images.* »

(Photographie des couleurs, communication par M. Louis Ducos du Hauron à l'Académie des Sciences, Alger, Typographie et lithographie Veuve A. Bouyer et fils, 23, rue Bab-Azoun, 1889.)

(1) Nous devons les figures 23 et 26 à l'obligeance de la Société d'éditions scientifiques.

Il en résulte que si des impressions lumineuses très courtes se succèdent rapidement, elles finissent par se confondre en une impression continue.

C'est un fait bien connu qu'un charbon ardent agité vivement devant les yeux produit la sensation d'un ruban de feu continu; de même, lorsqu'on lance une fusée dans les airs, elle semble conduire à sa route une longue traînée de feu.

Au lieu de superposer matériellement les trois épreuves monochromes, MM. A. et L. Lumière les font passer successivement d'une manière rapide et continue devant l'œil de l'observateur. Les trois épreuves sont tirées en noir et, une fois tirées, chacune d'elles est plongée dans une teinture de même couleur que l'écran qui était placé devant l'objectif lors de la pose du cliché correspondant.

Si on fait passer les trois épreuves devant l'œil de l'observateur avec une vitesse réglée de manière que les impressions successives produites sur la rétine par les trois épreuves puissent persister en même temps, la superposition des parties colorées du fond produira du blanc dans les parties claires, et les parties noires de chaque épreuve ne laisseront apercevoir que la teinte combinée des deux autres, dont la réunion reproduit précisément la couleur des radiations représentées sur la première épreuve par ces parties noires.

On aura donc la sensation des couleurs naturelles de l'objet photographié.

MM. A. et L. Lumière ont imaginé un appareil simple permettant d'obtenir la succession des épreuves et le temps de repos nécessaire à chacune, pour qu'elle puisse impressionner suffisamment la rétine.

SYNTHÈSE DURABLE DES COULEURS

Principe de l'antichromatisme. — Polychromies au charbon, par hydrotypie. — Procédé Lumière. — Procédé Géo Richard.

Outre les procédés de synthèse temporaire des couleurs indiqués dans le chapitre précédent, il existe des procédés de synthèse durable, où il y a superposition ou juxtaposition matérielle des trois monochromes. Comme la plupart des procédés d'impressions photographiques peuvent être employés, il y a un très grand nombre de procédés d'impressions polychromes ; nous passerons en revue les principaux.

Disons tout d'abord que les pigments qui semblent être les meilleurs, sont le jaune de chrome pour le jaune, le bleu de Prusse pour le bleu ; mais pour ce qui est du rouge, on n'a pu trouver encore de pigment réellement convenable : le carmin et la laque de garance sont les plus employés.

Enfin l'image positive tirée d'après le cliché obtenu derrière l'écran bleu, devra être non pas colorée en bleu, mais colorée en jaune, couleur complémentaire du bleu ; celle tirée d'après le cliché obtenu derrière l'écran jaune devra être colorée en rouge et enfin la troisième, correspondant au cliché tiré derrière l'écran rouge, devra être colorée en bleu.

9

Considérons, en effet, le cliché obtenu avec
l'écran jaune ou vert (1), c'est-à-dire avec l'écran
ne laissant passer à travers l'objectif que les radiations jaunes et vertes. Tous les points de l'original renfermant du jaune ou du vert impres-
sionneront la plaque sensible sur laquelle les
points correspondants apparaîtront en noir après
le développement; au contraire, les points contenant du rouge-orangé ou du bleu-violet n'agiront
pas sur la plaque. Si on tire de ce cliché une
épreuve positive, les noirs de celle-ci correspon-
dront aux points de l'original renfermant du
rouge-orangé et du bleu-violet. Ces noirs devront
donc, si on tire non plus une épreuve noire, mais
une épreuve colorée, renfermer un mélange de
rouge-orangé et de bleu-violet qui constitue une
sorte de rouge-pourpre. C'est donc cette couleur
rouge que devra avoir le monochrome correspondant au cliché obtenu avec l'écran jaune.

Afin de mieux faire comprendre ce fait que
M. Louis Ducos du Hauron a qualifié du nom de
« principe de l'antichromatisme », examinons un
cas très simple.

Supposons que l'original se compose de trois
carrés juxtaposés présentant chacun une des trois
couleurs fondamentales, c'est-à-dire qu'un des
carrés soit coloré en bleu, le deuxième en jaune
et le troisième en rouge.

Le positif bleu devra évidemment être constitué
uniquement par l'image du carré bleu; le négatif

(1) La pratique a montré qu'on pouvait à volonté employer
un écran vert ou un écran jaune, à condition qu'il laisse
passer et du jaune et du vert.

qui servira à le fournir, devra donc être clair dans
la partie de l'image correspondant au carré bleu,
et complètement opaque dans les parties correspondant aux deux autres carrés. Il faut donc, lors
de l'obtention de ce négatif, empêcher l'action
sur la plaque des radiations bleues, c'est-à-dire
ne laisser passer à travers l'objectif que les radiations du spectre autres que le bleu, radiations
dont le mélange forme une couleur rouge-orangée
qui doit être celle de l'écran servant à obtenir le
négatif du bleu.

Le tableau suivant résume les couleurs à employer dans le cas de synthèse par addition
(radiations : projections, chromoscopes) et dans le
cas de synthèse par soustraction (pigments :
impressions) :

I. Correspondant au négatif impressionné avec l'écran
rouge-orangé.
II. Correspondant au négatif impressionné avec l'écran
jaune-vert.
III. Correspondant au négatif impressionné avec l'écran
bleu-vert.

Radiations
- Positif I. Rouge-orangé.
- Positif II. Jaune-vert.
- Positif III. Bleu-violet.

Pigments
- Positif I. Bleu de Prusse.
- Positif II. Carmin ou rouge-pourpre.
- Positif III. Jaune de chrome.

Nous examinerons d'abord les divers procédés
d'impressions photochimiques appliqués à la
polychromie.

Le premier procédé qui ait été employé est le
procédé au charbon. Malheureusement, comme
on va le voir, les opérations sont assez compliquées.

Il faut d'abord préparer les papiers nécessaires. Nous laisserons la parole à M. Louis Ducos du Hauron qui a très bien indiqué, dans ses brochures de 1869 et de 1870, le mode de préparation de ces papiers :

1° *Papier mixtionné carmin.* — Faire dissoudre 10 grammes de carmin dans un litre d'ammoniaque liquide; étendre ce liquide dans une cuvette; laisser l'ammoniaque s'évaporer en plein air jusqu'à ce que son odeur ait presque en entier disparu, ce qui demande un certain nombre d'heures; ajouter alors de l'eau de pluie en quantité nécessaire pour que le volume du liquide redevienne ce qu'il était avant l'évaporation de l'ammoniaque, soit 1.000 centimètres cubes; conserver en flacon ce liquide pour l'emploi. Prendre 65 centimètres cubes de ce liquide, y ajouter 35 centimètres cubes d'eau de pluie, y faire tremper à froid pendant une heure environ 15 grammes de gélatine très soluble (gélatine grénetine, par exemple); additionner de 1 gramme de sucre, faire dissoudre au bain-marie à une température modérée, soit 50 à 60 degrés; filtrer à travers un linge fin, préalablement mouillé, ou dans un entonnoir dont la douille soit garnie d'une éponge fine rendue humide; recueillir la mixtion dans un vase maintenu au bain-marie; verser dans un verre gradué la quantité de liquide qui sera nécessaire pour couvrir la feuille de papier qu'il s'agit de mixtionner, soit 25 centimètres cubes pour une surface de grandeur plaque entière, et enfin vider le contenu de ce verre sur ladite feuille de papier, préalablement appliquée sur une glace, en balançant légèrement dans ses mains la glace et en s'aidant d'une baguette de verre ou d'un pinceau pour régulariser la couche.

Lorsque la gélatine est prise en gelée, il ne reste plus qu'à détacher le papier de la glace et à l'abandonner à dessiccation, en se servant d'une étuve, au cas où la température serait trop basse, c'est-à-dire inférieure à 18 ou 20 degrés centigrades. (La température de cette étuve ne devra pas dépasser 24 ou 25 degrés.)

2° *Papier mixtionné jaune de chrome.* — Broyer dans un mortier 25 grammes de jaune de chrome clair en tablette (couleur d'aquarelle); y ajouter, en continuant de broyer et peu à peu, de l'eau de pluie (un litre d'eau de pluie pour 25 grammes); conserver en flacon ce liquide pour l'emploi. — Prendre, après l'avoir agité, 100 centimètres cubes de ce liquide; y faire tremper à froid, pendant une bonne heure environ, 15 grammes de gélatine, la même que pour la mixtion précédente; y ajouter 1 gramme de sucre; faire dissoudre au bain-marie; filtrer comme précédemment et suivre en tout point, pour le reste des opérations jusqu'au séchage inclusivement, ce qui a été dit au sujet du papier mixtionné rouge.

3° *Papier mixtionné bleu de Prusse.* — On a un approvisionnement d'encre bleue fixe du commerce, celle qui se trouve chez les marchands d'articles de bureau. Dans un liquide formé de 85 centimètres cubes d'eau de pluie et de 15 centimètres cubes de cette encre (12 à 15 centimètres cubes suivant que cette encre est plus ou moins intense) on met tremper à froid pendant une heure environ 15 grammes de la gélatine plus haut indiquée, additionnée d'un gramme de sucre; puis on fait dissoudre au bain-marie, on filtre et on opère exactement comme il a été dit pour les papiers mixtionnés rouges ainsi que pour les jaunes.

4° *Papier gélatiné blanc.* — Le papier gélatiné qui sert de support définitif à l'héliochromie doit être assez fortement gélatiné. J'y emploie de la gélatine blanche ordinaire, dite blanc-manger; les opérations de gélatinage sont les mêmes que s'il s'agissait de préparer des papiers mixtionnés colorés. Le titre de la dissolution est de 10 grammes de gélatine pour 100 centimètres cubes d'eau; on recouvre de ce liquide le papier à raison de 25 centimètres cubes environ pour surface plaque entière.

Les papiers sont sensibilisés en les mettant à tremper quelques minutes dans une solution de bichromate de potasse ou d'ammoniaque. Une fois secs (on doit, bien entendu, les faire sécher dans l'obscurité), on les expose derrière les négatifs respectifs; après exposition, chacun des papiers est traité de la manière suivante : on le plonge dans une cuvette d'eau froide, gélatine en dessous, au fond de laquelle on a mis une plaque de verre recouverte d'une légère couche de cire. On retire le verre recouvert du papier gélatiné et on le laisse quelque temps pour que la gélatine adhère au papier de transfert. On détache alors le papier qui servait de support à la couche de gélatine lors de l'insolation, puis on plonge le verre dans de l'eau froide d'abord, dans de l'eau tiède ensuite. Celle-ci dissout la gélatine qui n'a pas subi l'action de la lumière, c'est-à-dire celle qui se trouvait derrière les noirs du cliché lors de l'exposition à la lumière ; la gélatine entraîne avec elle dans l'eau la matière colorante.

Lorsqu'on a fait ces opérations pour les trois sortes de papier, il reste à superposer les trois monochromes ainsi obtenus, et à les transporter sur papier ou sur verre.

On prépare un mélange d'eau et d'alcool marquant 60° à l'alcoomètre et on plonge dans ce bain le verre portant le monochrome jaune et au-dessus un papier fortement gélatiné, la couche de gélatine regardant le fond de la cuvette. Quand ce papier est bien imprégné d'eau, on retire le verre et le papier de la cuvette, appliqués l'un contre l'autre et en ayant soin d'éviter toute bulle d'air entre eux.

On laisse égoutter, puis sécher. Une fois sec, le papier se sépare aisément du verre, emmenant avec lui la pellicule jaune. On fait alors disparaître toute trace de cire de sa surface, après quoi on transporte le monochrome bleu sur le monochrome jaune. Pour ce, on plonge le verre porteur de l'image bleue dans la cuvette renfermant l'alcool à 60° et au-dessus le papier, la pellicule jaune regardant le fond de la cuvette ; on fait glisser les deux monochromes l'un sur l'autre, jusqu'à ce que la coïncidence des images soit parfaite, et on achève l'opération comme tout à l'heure, puis on recommence pour le monochrome rouge.

Comme on le voit, ce procédé de tirage est assez compliqué.

Le *procédé par saupoudrage* peut également être employé aux tirages polychromes.

On étend sur une plaque de verre un sirop composé d'eau, de gomme arabique, de glucose liquide, de sucre cristallisé et de bichromate d'ammoniaque. On sèche vivement au-dessus d'une lampe à alcool ou d'un bec de gaz et la plaque, encore brûlante, est isolée au châssis-presse, derrière l'image à reproduire, qui doit être positive.

Après exposition, on développe, ou mieux on dépouille l'image au moyen d'un blaireau trempé dans une poudre colorante, blaireau qu'on promène à la surface de l'image. La poudre ne se fixe que sur les parties qui n'ont pas subi l'action de la lumière.

L'image ainsi révélée, on peut rendre libre la pellicule qui la porte ; on fait trois pellicules respectivement rouge, jaune et bleu et on les superpose.

Ce procédé a été peu employé.

Il n'en est pas de même de la méthode dite des *imbibitions* qui sert de base à un grand nombre de procédés.

Le principe de cette méthode est dû à Charles Cros, qui breveta en 1880 sous le nom d'hydrotypie l'application aux tirages polychromes de la propriété qui appartient à une couche de gélatine bichromatée de se gonfler aux endroits que n'a pas attaqués la lumière et d'absorber, à ces endroits, les matières colorantes dissoutes.

On recouvre une feuille de papier ou de verre d'une solution de gélatine bichromatée et lorsque cette couche est sèche, on expose à la lumière derrière un positif sur verre obtenu avec le cliché qui a été tiré avec l'écran jaune ; après insolation on lave à l'eau pour enlever l'excès de bichromate et on plonge l'image dans une solution de carmin ammoniacal ou d'éosine qui n'imprègne que les parties de la gélatine non insolubilisées par la lumière.

Ce monochrome rouge une fois sec, on le recouvre d'une couche isolante, couche de collodion par exemple, sur laquelle on étend à nouveau de la gélatine bichromatée, destinée à obtenir l'image jaune pour laquelle on emploie le berbéris ou une solution de picrate d'ammonium ; on opère de même pour superposer le monochrome bleu aux deux précédents : le bleu étant obtenu soit avec de l'indigo, soit avec du bleu d'aniline, soit mieux en passant l'image successivement dans une solution de prussiate jaune de potasse et dans une solution de chlorure ou de sulfate ferrique.

Mais, malgré sa simplicité apparente, ce procédé n'est pas d'une pratique très facile ; en 1881, MM. Charles Cros et J. Carpentier ont présenté à l'Académie des Sciences un procédé de tirage plus pratique, dans lequel ils employaient non plus la gélatine, mais de l'*albumine coagulée*.

Les polychromies ainsi obtenues étaient con-

stituées par trois couches de collodion albuminé
étendues sur une plaque de verre. Ces couches
étaient préparées en versant d'abord sur la plaque du collodion additionné de deux à trois parties pour cent de bromure de cadmium ; on im-
mergeait ensuite la glace dans un bain d'albumine
obtenu en délayant dix à douze blancs d'œufs
dans un litre d'eau.

L'alcool du collodion et le bromure de cadmium faisaient coaguler l'albumine ; il en résul-
tait une couche très régulière d'une trame
« assimilable à celle du coton animalisé des teinturiers ». Cette couche, imbibée de bichromate
d'ammoniaque, puis séchée à l'étuve, était recouverte d'un positif sur verre et exposée quelques
minutes à la lumière diffuse. Après insolation, la
plaque était lavée et plongée dans un bain colorant.

L'action de la lumière faisait subir à l'albumine, déjà coagulée, une seconde contraction
telle qu'elle ne se laissait plus imbiber ni teindre
par les pigments colorés. Au contraire, la matière
colorante pénétrait et se fixait dans les régions
que les noirs du positif avaient protégées de l'action de la lumière.

Comme on voit, ce procédé permet d'obtenir
des images de n'importe quelle couleur ; il suffit
de répéter les opérations trois fois pour faire
ainsi des polychromies.

Tout récemment, MM. A. et L. Lumière ont
imaginé un procédé qui leur a donné de magnifiques résultats, remarquables par la vérité obtenue dans la reproduction des couleurs. Aussi

n'hésitons-nous pas à reproduire textuellement la note qui accompagnait leur présentation.

La méthode indirecte de photographie en couleurs naturelles, indiquée par MM. Cros et Ducos du Hauron, n'a pas reçu jusqu'ici d'application vraiment pratique, à cause des difficultés que présentent deux points importants de cette méthode : le triage des couleurs, puis l'obtention et la superposition des monochromes. Nous nous sommes attachés à l'étude de ces deux points.

Pour le triage des couleurs, nous avons fait usage des écrans recommandés jusqu'ici, écrans orangés, verts et violets, puis nous avons préparé trois séries de plaques photographiques présentant respectivement un maximum de sensibilité pour les rayons que les écrans laissaient passer. Le tirage et la superposition des monochromes ont été réalisés grâce à l'emploi d'un procédé photographique aux mucilages bichromatés, sans transfert, basé sur la remarque suivante : la colle forte, soluble à froid, bichromatée, qui ne donne pas d'images photographiques avec leurs demi-teintes lorsqu'elle est employée seule, acquiert cette propriété lorsqu'on l'additionne de substances insolubles dans de certaines conditions.

Si l'on ajoute, par exemple, à une solution de colle forte à 10 0/0, 50 0/0 de bichromate d'ammoniaque, et de 5 à 10 0/0 de bromure d'argent émulsionné, et que l'on étende cette préparation en couche simple, sur une lame de verre, on obtient une surface sensible que l'on expose à la lumière sous le négatif à reproduire. Lorsque l'exposition est suffisante, on lave la plaque à l'eau froide, et l'on a ainsi une image à peine visible, formée par le mucilage insolubilisé, image que l'on peut colorer avec des teintures convenables. On se débarrasse ensuite du bromure d'argent par un dissolvant approprié, l'hyposulfite de soude par exemple. Ce procédé donne, avec la plus grande facilité, des épreuves de toutes couleurs avec toutes les gradations de teintes du négatif. Le bromure d'argent peut être remplacé par d'autres précipités insolubles.

Avec un tel procédé, il est facile d'obtenir des épreuves polychromes, en utilisant le principe de la méthode de MM. Cros et Ducos du Hauron. On procède à l'obtention successive, sur une même plaque, de trois images monochromes rouge, jaune et bleu, provenant des trois négatifs correspondants ; en ayant soin d'isoler chaque image de la précédente par une couche imperméable de collodion par exemple. Cette méthode permet, par l'emploi de teintures plus ou moins concentrées ou par simple décoloration à l'eau, de varier l'intensité relative des monochromes, de modifier, au besoin, l'effet des trois premières couches par l'addition d'une quatrième, d'une cinquième et même davantage; elle rend, en outre, le repérage très facile, et assure la possibilité de reporter sur papier l'ensemble de ces impressions. Les premiers spécimens de photographies en couleurs ainsi obtenus, spécimens qui accompagnent cette note, montrent tout le parti pratique que l'on pourra maintenant tirer d'une méthode depuis si longtemps négligée.

M. Léon Vidal a indiqué dans le journal Photo-Midi (juillet 1898) un procédé très pratique, à la portée de tous les amateurs et analogue à l'hydrotypie de Charles Cros. Il consiste à utiliser les pellicules sensibles du commerce, composées d'une émulsion au gélatino-bromure d'argent étendue sur une couche de collodion normal ou de celluloïd.

On fait flotter une de ces pellicules sur une solution de bichromate d'ammoniaque à 2 0/0 durant environ deux minutes ; on égoutte et on laisse sécher dans l'obscurité.

La pellicule sèche est impressionnée derrière un des trois négatifs analytiques, mais en ayant soin de placer le *côté émulsionné à l'opposé du contact;* la lumière qui traverse le négatif doit atteindre la couche bichromatée après avoir également traversé le support.

Après l'insolation, on procède au développement en plongeant la pellicule dans de l'eau tiède, maintenue à la température de 25 à 30° centigrades. Les portions de la gélatine que la lumière n'a pas atteintes se dissolvent et il ne reste plus à la surface du support qu'un bas-relief formé de gélatine bromurée dont on fait disparaître le bro-

mûre d'argent par passage dans un bain d'hyposulfite de sodium.

On laisse sécher et, lorsque les trois positifs sont
secs, on procède à leur coloriage. On emploie,
d'après M. Léon Vidal, une solution d'érythrosine
pour le rouge, de bleu métylène pour le bleu et
une solution saturée d'acide picrique additionnée
de quelques gouttes d'ammoniaque pour le jaune.

Après avoir trempé dans le bain qui lui convient,
chaque pellicule, on la réunit à l'eau distillée et
on la met à sécher en ayant soin d'éviter toute
déformation. On coupe les bords et on superpose
les trois monochromes en veillant à ce que les
trois images coïncident bien ; on les fixe au bord
par quelques points de colle et il ne reste plus
qu'à les monter définitivement entre deux verres.

Cette méthode, d'une grande simplicité, conduit
aisément à de bons résultats.

Un procédé curieux consiste à tirer les trois
monochromes en noir, puis à remplacer, au moyen
d'un virage approprié, l'argent métallique formant
l'image par un sel coloré convenable. Malheureusement on n'arrive guère ainsi qu'à former le
monochrome jaune en transformant, par une
série de réactions chimiques, l'argent de l'image
en chromate de plomb ou jaune de chrome, et le
monochrome bleu en transformant de même
l'argent formant les noirs de l'image en ferro-
cyanure ferrique ou bleu de Prusse. Mais pour ce
qui est du monochrome rouge, il n'y a pas de
virage qui donne une coloration satisfaisante.

Une élégante méthode due à M. Géo Richard,
qui, malheureusement, n'en a pas publié le mode

opératoire, consiste à substituer à l'argent réduit, contenu dans la gélatine d'un positif noir, une matière colorante organique.

Cette substitution peut être réalisée :

1° Par la transformation chimique du dépôt argentique en un sel capable de fixer ou de précipiter la couleur que l'on veut employer ; le positif ainsi mordancé, ne retient la couleur qu'aux endroits antérieurement noirs, et cela proportionnellement à l'intensité de ces noirs.

2° Par la transformation de l'argent en un sel capable de réagir sur les dérivés de la houille, pour former ainsi sur place des couleurs organiques artificielles.

La superposition des trois monochromes ainsi obtenus donne toutes les finesses de ton et de couleur des sujets.

Comme on le voit, il ne manque pas de procédés de tirage des polychromies ; aussi a-t-on raison de s'étonner que la photographie indirecte des couleurs ait été si peu étudiée. Il y a au plus dix ans que l'on commence à s'occuper sérieusement de cette découverte faite en 1869. Il est juste de dire qu'actuellement la photochromographie est à la mode ; de nouveaux procédés — qui n'en sont que d'anciens souvent plus ou moins déguisés — surgissent chaque jour.

C'est ainsi que M. Chaupe faisait récemment présenter à la Société française de photographie des polychromies obtenues par le procédé au charbon ; les résultats étaient d'ailleurs très bons, le repérage parfait.

C'est ainsi que M. Du Jardin a fait présenter

récemment par M. Lévy à l'Académie des sciences un procédé qui, en réalité, ne diffère guère de ceux que nous venons d'indiquer, comme on pourra en juger par la description suivante du mode de tirage, que nous extrayons du journal *La Nature.*

Voici en quelques mots la façon dont procède M. Du Jardin. On dissout dans un litre d'eau 100 grammes de gélatine, que l'on additionne de 1 ou 2 grammes de carmin : le mélange encore chaud est appliqué sur une feuille de papier que l'on avait au préalable mouillée et étendue sur une glace plane ; on prépare de même sur une plaque jaune et une plaque bleue. On sensibilise les trois plaques dans un bain de bichromate de potasse e., après exposition sous leur cliché respectif, on développe les trois épreuves à l'eau chaude : c'est ce qu'on a appelé en somme le procédé au charbon.

La plaque jaune est placée dans l'eau chaude, face en dessus, et on lui superpose un papier fort, dit de transfert, qui y adhère : après séchage, la lame de gélatine jaune se trouve transportée sur le papier ; on la replonge dans l'eau chaude, en même temps qu'on immerge dans un bain chauffé au bain-marie et contenant de la gélatine et de la gomme arabique, la plaque bleue. Celle-ci, face en dessous, est placée sur l'épreuve jaune et les deux surfaces gélatineuses étant glissantes, le repérage se fait avec la plus grande facilité. Après séchage la lame de gélatine bleue se trouve reportée sur le jaune. On refait la même opération pour le transfert de la lame rouge et l'épreuve se trouve ainsi terminée.

Ajoutons enfin que tout le monde peut désormais avoir une photographie de tableaux de paysage ou son propre portrait en couleurs, par le procédé de MM. A. et L. Lumière.

LA PHOTOGRAPHIE INDIRECTE

DES COULEURS PAR IMPRESSIONS PHOTOMÉCANIQUES

Les impressions photomécaniques, permettant le tirage, à un grand nombre d'exemplaires, des polychromies, présentent un intérêt tout particulier, principalement à cause des applications à l'illustration du livre.

En effet, le plus généralement, il faut recourir à un nombre de tirages, allant parfois jusqu'à quinze et vingt pour l'impression des gravures coloriées; l'emploi de la photographie pour le tirage de couleur simplifie beaucoup la besogne, réduisant à trois le nombre de tirages; en outre, la reproduction des couleurs est nécessairement plus fidèle, lorsque leur tirage est fait par la lumière et non par les mains d'un coloriste plus ou moins adroit.

La photocollographie ou phototypie qui permet la reproduction des photographies avec tout leur modelé est susceptible de produire de bons résultats. Mais la difficulté consiste à trouver des encres transparentes; il faut, en effet, que deux au moins des encres employées soient transparentes. Comme le jaune de chrome et le bleu de Prusse, associés à une laque de garance, constituent les meilleurs pigments à employer et que le premier est plus opaque que les autres, on devra tirer d'abord le monochrome jaune.

Bien entendu, il ne faut imprimer chaque monochrome que lorsque le précédent est bien sec, sous peine d'obtenir des teintes louches du plus désagréable effet; il faut aussi veiller à ce que le repérage des trois images soit parfait.

On a eu l'idée, au lieu de superposer les trois monochromes, de les juxtaposer; dans ce but on a fait en sorte que chacun d'eux soit constitué non plus par des teintes plates, mais par un ensemble de points très fins et très nombreux, et que les points des trois monochromes ne coïncident pas, mais se placent les uns à côté des autres.

Un mode de tirage des plus intéressants, qui semble abandonné aujourd'hui, est celui que l'on désigne indifféremment sous les noms de photoglyptie ou de photoplastographie.

On insole derrière chacun des négatifs un papier recouvert de gélatine bichromatée et, après dépouillement à l'eau chaude, il reste une image en relief. Au moyen d'un moulage à la presse hydraulique, on reproduit ce relief sur une lame de plomb; on peut encore faire le moulage par voie galvanoplastique.

Le moule métallique obtenu, on l'enduit d'une très légère couche d'huile, puis on y verse une encre gélatineuse. Pressant au-dessus du moule ainsi rempli une feuille de papier, l'encre y adhère et lorsqu'elle est figée, il suffit de soulever le papier pour avoir une image en couleur.

Il est assez facile de tirer ainsi les trois monochromes bleu, rouge et jaune et de les superposer. Louis Ducos du Hauron fit, en 1876, toute une série d'expériences à ce sujet.

Mais de tous les procédés de tirages photomécaniques, la phototypographie est certainement celui qui a le plus d'avenir, parce que seul il se prête aux tirages à un très grand nombre d'exemplaires.

On tire des épreuves sur papier des trois négatifs analytiques et on les transforme en négatifs tramés pelliculaires sur collodion.

Mais comme dans ce procédé l'image définitive est constituée par une série de petites surfaces, de points si l'on veut, il faut faire en sorte que les points correspondant aux trois monochromes se juxtaposent, mais ne se superposent pas.

Le moyen d'obtenir ce résultat varie naturellement selon la trame dont on dispose. Si on se sert d'un réseau n'ayant qu'une seule ligne, il suffit de faire en sorte que la direction de la ligne ne soit pas la même dans les trois monochromes. Pour ce, on peut soit faire tourner le réseau de 60° à chaque nouvelle pose, soit en orientant différemment les originaux à chaque pose. Si ceux-ci sont assez petits, on peut les reproduire d'un seul coup sur une même plaque, en les disposant sur la planche de manière que leurs lignes médianes forment un triangle équilatéral.

Si l'on ne possède qu'une trame possédant des lignes se coupant à angle droit, on fera un des monochromes l'une des lignes étant horizontale, l'autre verticale; le second en faisant tourner de 45° la trame; le troisième en faisant un négatif grainé.

Le plus beau, mais aussi le plus cher, des phototirages mécaniques est l'héliogravure ou photo-glyptographie. M. Du Jardin, en 1879, a pu obtenir des polychromies au moyen de ce procédé, d'après des négatifs que lui avait prêtés M. Louis Ducos du Hauron.

Les impressions polychromes à trois couleurs avaient été mises en pratique à Toulouse dans les ateliers de photocollographie d'André Quinsac, en 1881, avec l'aide de M. Alexandre Jaille. Bien que l'on ne connût pas à ce moment les procédés orthochromatiques actuels, Quinsac put obtenir de magnifiques polychromies d'après les clichés analytiques pris par M. Louis Ducos du Hauron.

Malheureusement au moment où la nouvelle in-dustrie allait battre son plein, un incendie détrui-sit les ateliers de Quinsac, y compris l'annexe qui avait été construite pour l'impression poly-chrome. M. Jaille allait faire reconstruire l'éta-blissement lorsqu'il fut enlevé par une maladie brusque.

Quinsac alla s'installer à Paris ; mais il eut à peine le temps de monter de nouveaux ateliers; la mort l'enleva à son tour.

Depuis les recherches de Quinsac, les impres-sions trichromes ne furent plus guère étudiées qu'à l'étranger où l'on obtint d'assez beaux résultats.

Cependant, un homme d'initiative, M. P. Prieur, ayant lu par hasard les premières brochures de Louis Ducos du Hauron, comprit l'avenir qui était réservé aux impressions trichromes et se mit à l'œuvre en 1898. Il chercha d'abord à obtenir une bonne sélection des couleurs; lorsqu'il fut sûr de

son triage, il étudia les différents tirages photomécaniques.

Il commença, comme Quinsac, par utiliser la
photocollographie qui lui donna de beaux résultats; l'héliogravure lui permit d'obtenir de magnifiques épreuves. Malheureusement le premier
de ces procédés ne se prête pas aux tirages nombreux et le second est d'un prix de revient assez
élevé.

Aussi M. Prieur emploie-t-il également les
procédés de la phototypogravure qui utilisent,
comme nous l'avons vu, une trame.

Les épreuves obtenues par ce procédé et par
un procédé où l'effet de la trame est remplacé
par un grain de résine très fin qu'il fit présenter
à la séance du 1er juillet 1898 de la Société française de photographie eurent un légitime succès.

M. Monpillard accompagna cette présentation
de notes dont nous extrayons le passage suivant :

« Les épreuves imprimées en trois couleurs,
d'après trois planches tramées, qu'il s'agisse de
reproductions d'affiches, de peintures à l'huile,
de natures mortes, etc., sont, pour la plupart,
absolument irréprochables au point de vue du
rendu ; le prix de revient du procédé permet en
outre de . utiliser industriellement.

« Cependant, l'emploi de la trame entraîne un
léger alourdissement des teintes, inconvénient
absolument négligeable lorsqu'il s'agit de reproduire des sujets du genre de ceux que nous venons
de signaler, mais qui doit être pris en considéra-
tion lorsque nous nous trouvons en présence des

sujets aux teintes délicates telles que des aquarelles, des pastels, etc.

« Au point de vue particulier des reproductions
scientifiques, et spécialement de la microphoto-
graphie, l'emploi de la trame présente l'inconvénient de dénaturer légèrement la forme ou le
contour de certains objets très délicats ; un corpus-
cule sphérique sera représenté sous l'aspect d'un
losange ; une ligne continue et bien définie par
une série de points.

« Pour ces raisons, il était nécessaire de chercher à recourir à un procédé qui, tout en donnant
aux planches un grain suffisant pour obtenir une
impression aux encres grasses, permette de réduire ce grain à des dimensions telles que, de-
venant négligeable, sa présence ne nuise en rien
à la définition des contours des images ; à cet
avantage viendrait certainement s'ajouter celui
résultant d'une fraîcheur plus grande dans les
colorations obtenues et permettant alors d'utiliser
avec un plein succès le procédé aux trois couleurs
pour les reproductions de sujets scientifiques et
artistiques.

« La substitution d'un grain de résine très fin
à la trame constitue une des solutions du problème ; elle a été heureusement réalisée par
M. Prieur qui nous a montré des spécimens sortant de ses ateliers, obtenus par ce procédé et
dont le rendu ne laissait rien à désirer. »

Les trois planches une fois gravées, il faut pro-
céder à l'impression proprement dite et, pour que
le résultat soit bon, il ne faut rien négliger. En
particulier le choix des trois encres, qui est en

rapport avec celui des trois filtres employés pour obtenir les trois clichés, joue un grand rôle. On comprend qu'en outre le repérage doit être parfait et exige l'emploi de presses particulières.

Aussi les impressions trichromes ne peuvent donner de bons résultats que dans un atelier où tout est exécuté sous une direction unique : obtention des trois clichés analytiques, gravure des trois planches, impression de ces planches.

On peut juger, par la planche en couleurs contenue dans ce volume, planche tirée par MM. Prieur et Dubois, de Puteaux, et qui reproduit, à l'aide de trois couleurs seulement, une affiche bien connue imprimée en 8 ou 10 couleurs, du rendu que l'on obtient dans ces conditions; trois autres planches montrent les trois monochromes bleu, jaune et rouge, avant leur superposition.

OBTENTION DE POLYCHROMIES

PAR L'EMPLOI COMBINÉ DE LA PHOTOCHROMIE

INTERFÉRENTIELLE

ET DE LA PHOTOCHROMOGRAPHIE

M. Léon Vidal a eu l'idée curieuse de combiner l'emploi du procédé de photochromie interférentielle du professeur Gabriel Lippmann et l'emploi du procédé indirect de photographie des couleurs de MM. Charles Cros et Ducos de Hauron. Nous ne pouvons mieux indiquer cette méthode qu'en reproduisant l'article même publié à ce sujet par M. Léon Vidal dans le *Moniteur de la photographie* :

En deux mots, il s'agirait, non plus d'aller se promener sur nature avec le châssis au mercure et avec des plaques ad hoc, mais de ne faire l'opération de l'impression directe que dans l'atelier où le procédé Lippmann deviendrait un moyen de tirage, de multiplication des images polychromes.

Pour retrouver les couleurs et reproduire l'image telle qu'elle est sur nature, on procéderait par voie de reconstitution en projetant un chromogramme sur un écran.

Soit l'ensemble des trois diapositifs éclairés par trois milieux colorés convenables.

La reproduction de cette projection polychrome mettrait l'expérimentateur dans des conditions identiques à celles où l'on se trouve en photographiant le spectre par la méthode Lippmann.

Il n'est donc pas douteux que l'on obtiendrait un résultat très rapproché de la polychromie reproduite.

L'expérience n'est pas nécessaire pour savoir ce qui en

résulterait et, dans ce cas particulier, ce sont les épreuves originales fournissant la sélection des couleurs, qui mériteraient un soin tout spécial pour que cette sélection fût aussi complète que possible.

Nous ne reviendrons pas sur cette opération déjà ancienne, mais que les procédés orthochromatiques, perfectionnés continuellement, permettent d'exécuter avec une précision toujours plus grande.

On aura toujours un moyen de s'assurer soit avec le stéréochromoscope de Nachet, soit à l'aide des projections, du rendu donné par le chromogramme et l'on ne procédera au tirage interférentiel que si l'examen de ce rendu paraît satisfaisant.

Si des retouches sont nécessaires soit aux négatifs, soit aux diapositifs, on les fera, et le tirage, soit la reproduction de l'image en couleurs par le procédé Lippmann, n'aura lieu que si l'on est dans les conditions requises.

Et alors, tout étant installé, on pourra successivement imprimer un nombre d'images en couleurs plus ou moins grand. On sera le maître de la pose, dont la durée importera peu; on pourra faire varier les conditions de l'orthochromatisme, soit à l'aide d'écrans colorés, substitués les uns aux autres pendant la pose, soit en ne procédant à la reproduction qu'en photographiant chaque monochrome successivement, opération des plus simples, puisqu'il suffirait de n'ouvrir qu'un seul des objectifs des lanternes en laissant les deux autres bouchés. Le repérage de la superposition ne peut, en ce cas, subir la moindre atteinte et les durées de pose pourront varier suivant que l'on se trouvera en face des radiations bleues plus actiniques ou des rouges moins actiniques quel que soit l'état panchromatique des plaques sensibles employées.

Le dispositif convenable sera facilement établi, les trois lanternes projetteront leurs images contre un écran en verre dépoli en arrière duquel et bien dans l'axe, perpendiculairement à cet écran, se trouvera l'appareil photographique muni de son châssis à cuve de mercure.

De cette façon, la mise au point, la réduction à telle échelle déterminée s'obtiendront très aisément.

L'éclairage électrique est toujours celui qui conviendra le mieux afin de n'avoir pas à compter avec les radiations plus ou moins jaunâtres des diverses autres sources de lumières artificielles.

On nous objectera que ce n'est pas là un procédé direct de reproduction des couleurs.

Nous répondrons que le résultat n'en sera pas moins obtenu directement d'après un sujet polychrome. Or, la polychromie indirecte est bien dans la valeur de l'original; quel mal y aura-t-il à ce qu'on ait modifié, rendu plus facile la marche opératoire?

Assurément, mieux vaudrait opérer directement, mais en admettant la possibilité d'y arriver, on n'aurait généralement qu'une épreuve type dont on ne pourrait obtenir la multiplication qu'en la projetant dans des conditions défectueuses et en la reproduisant tout comme il vient d'être dit.

Pour peu qu'on étudie la question, on acquerra vite la certitude qu'il est possible de reproduire sur nature des objets très rapidement, de façon à en avoir des images distinctes, correspondant bien aux couleurs essentielles, dont la combinaison donnera par voie de projection des images en couleurs des plus satisfaisantes. Or, n'est-il pas plus pratique, en ce cas, de fair. le travail dans l'atelier où tout peut être installé convenablement, où l'on use d'une intensité de lumière connue, où l'essai primitif une fois fait, on peut opérer à coup sûr, où l'on a tout son temps, où l'on est à l'abri des difficultés matérielles de toutes sortes avec lesquelles on aurait à lutter en plein air, où le résultat polychrome à reproduire peut être corrigé de façon à se rapprocher plus complètement de la vérité, où enfin à l'aide de toutes les combinaisons de réseaux connues, on peut obtenir d'après la projection composite, ou mieux d'après chaque monochrome composant projeté, des clichés négatifs, immédiatement utilisables à la typographie polychrome?

TRIAGE DES COULEURS OBTENU

Dans le mémoire qu'il publia en 1869, M. Louis Ducos du Hauron décrivit un procédé curieux permettant de trier les couleurs sur une surface unique.

Une surface transparente est entièrement couverte de raies présentant alternativement les trois couleurs fondamentales : rouge-orangé, vert et bleu-violet. Si on examine de près une telle surface, on distingue bien les diverses nuances des raies, mais si on la regarde de loin, on voit une teinte neutre générale se rapprochant d'un blanc grisâtre.

On place cette pellicule rayée devant la plaque sensible lors de la pose, de manière que la lumière avant d'atteindre la plaque ait traversé le réseau coloré, à travers lequel se fait le triage des couleurs ; chacune d'elles impressionne la plaque derrière la raie correspondante et derrière celle-là seulement.

On tire du cliché ainsi obtenu une image positive sur verre ; et il suffit de la regarder en interposant entre elle et la lumière un réseau coloré identique au précédent, mais placé différemment : les raies rouge-orangé par exemple doivent occuper vis-à-vis de cette image positive les places qu'occupaient les raies vertes vis-à-vis de l'image négative ; de même pour les raies bleues et les rouge-orange ; pour les raies vertes et les raies bleu-violet. On voit alors l'original avec ses couleurs.

Pour obtenir le négatif, il faut, bien entendu, faire usage d'une plaque panchromatique, c'est-à-dire d'une plaque également sensible à toutes les radiations.

M. Louis Ducos du Hauron a indiqué très nettement les procédés industriels permettant de préparer ces réseaux colorés ; pour le tirage des positifs, il recommande l'emploi de papiers portant les raies colorées et recouverts d'émulsions sensibles.

En 1895, les journaux photographiques firent grand bruit autour d'une soi-disant découverte faite par M. John Joly de Dublin, qui n'est autre que le procédé indiqué en 1869 par M. Louis Ducos du Hauron.

D'ailleurs ce procédé n'a réellement d'intéressant que son originalité. En effet, l'image paraît toujours vue à travers une grille.

En outre, la représentation des couleurs de l'original est forcément inexacte : si une partie assez étendue de l'objet à reproduire est rouge vif, cette partie, dans l'épreuve définitive, ne sera vue qu'à travers les lignes rouges.

Or, celles-ci n'occupent que le tiers de la surface du réseau coloré : il en résulte que, sur l'image projetée, la partie considérée de l'objet sera composée d'un tiers de rouge et de deux tiers de noir.

APPAREILS RÉCENTS

POUR LA PHOTOGRAPHIE DES COULEURS.

Durant l'impression de cet ouvrage, un grand nombre d'inventeurs ont imaginé des dispositifs variés pour l'obtention simultanée des trois négatifs destinés à la reproduction indirecte des couleurs, par le procédé de Charles Cros et de M. Louis Ducos du Hauron. Nous extrayons du journal *La Photographie*, la description des plus ingénieux de ces appareils.

I. Chromographes non réversibles. — Parmi les nombreux appareils de cette catégorie, nous retiendrons seulement ceux dus au Dr Gustave Selle, à M. Francisque Pascal et enfin à MM. Mathieu et Dery.

a. *Châssis multiplicateur servant à la prise rapide des clichés pour la photographie* (1). — On fixe sur l'appareil photographique, par les rainures réservées à l'insertion des châssis, une sorte de cadre dans lequel glisse un multiplicateur constitué par l'adjonction, côte à côte, de trois châssis simples à volet, se chargeant par l'arrière et munis chacun, entre le volet et la plaque sensible, d'un écran de couleur convenable. Pour l'usage de cet appareil, il suffit de faire glisser le

(1) G. Selle, Brevet français n° 266637, du 5 mai 1897.

châssis multiplicateur dans son cadre de guidage,
jusqu'à ce que le premier des compartiments se
trouve vis-à-vis l'ouverture de la chambre noire;
on découvre alors le volet et on démasque l'objectif pendant le temps voulu; après avoir refermé
le premier compartiment, on pousse le châssis
pour amener devant l'objectif le second compartiment; on répète la même série de manœuvres
pour l'obtention du deuxième, puis du troisième
négatif. On voit que la manœuvre d'un tel appareil est pénible et n'économise qu'un temps insi-
gnifiant sur l'emploi des trois châssis indépen-
dants.

b. *Perfectionnements aux appareils pour la
photographie des couleurs* (1). — Inspiré par le
dispositif précédent, cet appareil a, sur son devan-
cier, le mérite d'une automaticité absolue. Un seul
coup de poire suffit à la manœuvre simultanée
des plaques, des écrans et de l'objectif. Les dessins
ci-joints montrent la disposition adoptée pour un
appareil stéréoscopique. Les trois plaques sensibles qui doivent poser successivement occupent
les trois compartiments supérieurs d'un châssis
N à quatre compartiments superposés (*fig.* 27) (2),
le compartiment inférieur reçoit un verre dépoli
servant à la mise au point. Ce châssis est renfermé
dans un étui V qui peut se fixer sur la partie
postérieure de la chambre noire. De la partie

(1) F. Pascal, Brevet frança's nº 277372, du 28 avril 1898
(2) La moitié droite de la figure 27 est une coupe médiane
de l'appareil; à gauche, est une vue de face de l'appareil
coupé suivant X. La figure 28 est une vue d'arrière du mécanisme des écrans, l'appareil étant coupé en Y.

supérieure de cet étui il peut descendre dans
la chambre noire puis s'engager dans la moitié inférieure de l'étui. Dans ce trajet, il est
arrêté à des hauteurs convenables, pour la pose
de chaque plaque derrière l'ouverture A, au

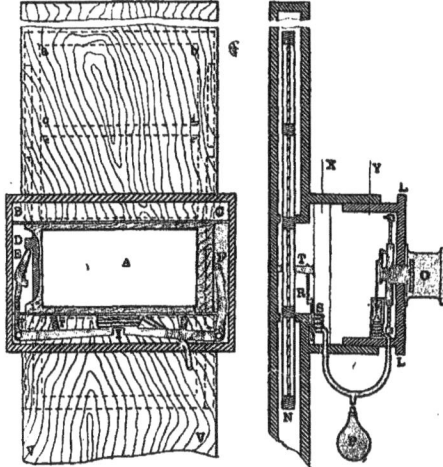

Fig. 27. — Chromographe F. Pascal.

moyen de cliquets E agissant sur des saillies
D ménagées aux châssis. Chacun de ces cliquets
est calé sur un axe F portant un bras qui peut
être actionné par la branche verticale d'un
levier coudé articulé en f. Les branches horizon-

tales des leviers viennent jusqu'en I, au milieu de
l'appareil où les actionne un soufflet S, relié à la
poire P; des ressorts *r* assurent le contact des
leviers et du soufflet. Lorsqu'on presse la poire le
soufflet se gonfle, les leviers agissent sur les cliquets qui abandonnent les butoirs du châssis;
celui-ci tombe sous
l'action de son
poids jusqu'à buter
sur le talon infé-
rieur du cliquet :
la pression sur la
poire venant à ces-
ser, les talons des
cliquets abandon-
nent les saillies, et
le châssis continue
sa chute jusqu'à
ce que les cliquets

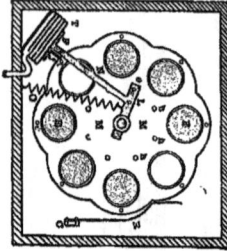

Fig. 28.

arrêtent les deux butoirs en saillie correspondant à la plaque suivante.

En même temps qu'elle actionne le soufflet S,
la poire P agit sur un second soufflet T (*fig.* 28)
qui actionne les écrans de couleur. Ces derniers
sont montés par paires sur un disque M tournant
sur un axe situé entre les deux objectifs; les écrans
identiques placés aux extrémités d'un mètre diamètre viennent donc successivement se placer derrière les objectifs. Le disque porte huit ouvertures
dont six sont garnies par les trois paires d'écrans
colorés, les deux autres restant vides, ou garnies
de glaces incolores, pour la mise au point. Le
disque est actionné par un cliquet formé d'une

lame de ressort L, articulé à une tige N qui s'appuie sur le soufflet par l'intermédiaire d'un disque de métal F. La lame L porte un goujon e taillé en sifflet qui fait l'office de cliquet en pénétrant dans les trous h, h du disque; un ressort R agissant sur les encoches du disque maintient ce dernier en place pendant le retour du cliquet, qui s'effectue par un ressort O; de petites chevilles i, i', plantées sur la circonférence du disque, et venant buter contre la lame j, fixée au soufflet, empêchent que l'inertie du disque ne lui fasse dépasser sa position. Un bouton moleté extérieur permet enfin de régler à volonté la disposition du disque.

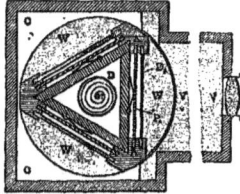

Fig. 29. — Chromographe Mathieu et Dery, coupe médiane.

Après la mise au point, il suffit donc de donner trois coups de poire à intervalles convenables pour réaliser, sans autre manœuvre, la prise des trois négatifs.

c. *Chambre noire à double châssis horizontal et rotatif* (1). — L'appareil se compose d'un tambour triangulaire, qui se meut dans une chambre noire C (*fig. 29*) et dont chaque face reçoit un châssis fixe à deux rainures, l'une pour la plaque

(1) V. Mathieu et F. Dery, Brevet français n° 283202, du 19 décembre 1898.

sensible P_1, l'autre en avant pour l'écran coloré E^1.
La chambre noire est munie latéralement d'une
porte P (*fig.* 30) par laquelle on peut introduire
à volonté plaques sensibles et écrans dans leurs
rainures, jusqu'à buter contre la paroi opposée du
tambour. Pour que chacun des châssis se présente
successivement devant l'objectif et dans une position identique, le tambour, établi sur une base
équilatérale, tourne autour de son axe, entraînant
le châssis dans le mouvement qui lui est communiqué par le ressort *r*.

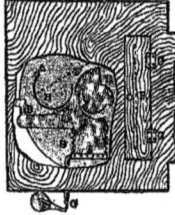

Fig. 30. — Chromographe Mathieu et Dery, vue latérale.

Ce ressort *r* est renfermé
dans un barillet D fixé à
l'une des extrémités du
tambour. A l'extrémité
opposée, un cliquet à
trois dents E, monté sur
l'axe du tambour, est
retenu par une ancre F.
Le jeu de cette ancre est
assuré, d'une part, par
un soufflet S commandé
de l'extérieur par une poire G, d'autre part, par
un ressort H antagoniste. Après chaque coup de
poire, le tambour, entraîné par le ressort *r*, aura
donc tourné d'un tiers de tour, et l'un des châssis
aura pris, devant l'objectif, la place du précédent.
On aura dû, pendant cette substitution, masquer
l'objectif de l'appareil. L'appareil se charge dans
le laboratoire noir; la manœuvre exige que l'on
tourne alors le tambour dans le sens inverse de
celui imprimé audit tambour pendant les manœuvres de pose. En rechargeant l'appareil, on retend

du même coup le ressort moteur, l'appareil se
retrouve prêt à fonctionner. On remarquera sur
notre figure 5 une cloison V V se prolongeant par
un disque W W porté par le tambour : ces deux
pièces constituent par leur ensemble la cloison

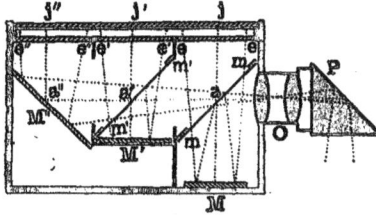

Fig. 31.

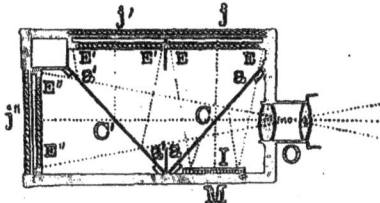

Fig. 32.
Chromographoscope L. Ducos du Hauron.

médiane de l'appareil destiné à l'obtention de
vues stéréoscopiques.

II. CHROMOGRAPHOSCOPES. — L'idée première de
ces instruments, destinés à l'obtention des négatifs et à la reconstitution des couleurs par l'exa-

11

men des trois épreuves positives transparentes, est
due précisément aux deux inventeurs du procédé
indirect de photographie des couleurs, Ch. Cros
et L. Ducos du Hauron. L'un des derniers nés de
ces instruments se distingue par une particularité
fort avantageuse, en ce qu'elle permet de simpli-
fier les diverses opérations. Dans le chromographoscope de M. L. Ducos du Hauron (*fig.* 31), les
trois images négatives sont obtenues côte à côte
sur une plaque unique, j, j', j'', au travers des
écrans colorés e e, $e'e'$, e'' e''. « J'ai trouvé la
solution de ce problème dans l'emploi combiné de
réflecteurs pelliculaires transparents, m m, $m'm'$
inclinés à 55°, et de miroirs ordinaires, M, M',
recevant l'image suivant la normale. Une même
image est réflétée successivement par une de ces
membranes transparentes et par un de ces miroirs.
Par ce jeu de réflecteurs, les rayons lumineux qui
concourent à la formation des trois images ont
parcouru des chemins équivalents Oa Mj, Oa' $M'j$,
Oa'' j''... Pour éviter qu'au moment de l'observation l'image ne paraisse renversée, les rayons
lumineux, avant d'arriver à l'objectif, sont reçus
par un prisme à réflexion totale; l'objectif est
dirigé vers le zénith, et la face antérieure du
prisme vers l'objet (1). » On cale, à la place même
où se trouvait la plaque sensible pendant la pose,
une épreuve positive tirée sur verre; un jeu de vis
et de butoirs assure l'invariabilité de position et
permet un réglage immédiat. En substituant alors
à l'objectif muni du prisme redresseur une loupe

(1) L. Ducos du Hauron, Mémoire à la Société d'Encoura-
gement.

de grand diamètre jouant le rôle d'oculaire, on percevra la sensation d'une image unique présentant les couleurs de l'original. Il y a lieu cependant, pour cette observation, d'atténuer l'intensité des faisceaux vert et orange, auxquels on avait dû donner, pour la pose, une intensité bien plus grande qu'au faisceau violet. On y parvient en recouvrant extérieurement le positif d'un verre dépoli sur lequel sont fixés les écrans translucides d'opacité convenable.

Un instrument analogue, dans lequel l'avantage de la plaque unique est sacrifié à la condition de volume minimum, peut être utilisé comme chromographe (*fig.* 32).

III. Chromoscope. — Dans un chromoscope, imaginé par MM. Lumière (1), la sensation de couleur est produite d'une façon fort originale. Au lieu de superposer, soit matériellement, soit par reflets, les trois monochromes, on les fait défiler successivement, d'une manière rapide et continue, sous l'œil de l'observateur. La superposition des couleurs s'opère ainsi sur la rétine par la persistance des impressions lumineuses. « Les trois clichés reproduisant séparément les radiations rouges, bleues et jaunes de l'objet photographié sont obtenus par les méthodes connues ; mais, au lieu de tirer de ces trois clichés des épreuves différentes, nous en tirons trois épreuves en noir sur des papiers de couleurs complémentaires de celles des radiations reproduites par chacune de ces épreuves, c'est-à-dire que

(1) A. et L. Lumière, Brevet français n° 261204, du 11 novembre 1896.

l'épreuve représentant les radiations rouges (négatif obtenu sous l'écran vert) est tirée sur un fond vert..., ou tirée sur papier sensible ordinaire et teinte ensuite dans un bain de couleur appropriée. Si l'on fait passer sous l'œil de l'observateur une série de ces épreuves représentant le même objet, et la vitesse étant réglée de manière à ce que les impressions sur la rétine de ces trois épreuves successives puissent persister en même temps, la superposition des parties colorées du fond produira du blanc dans les parties claires, et les parties noires de chaque épreuve ne laisseront apercevoir que la teinte combinée des deux autres dont la réunion reproduit précisément la couleur des radiations représentées sur la première épreuve par ces parties noires.

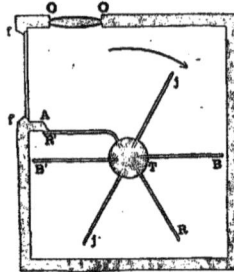

Fig. 33. — Chromoscope Lumière.

« Pour obtenir la succession des épreuves et le temps de repos nécessaire à chacune pour qu'elle impressionne suffisamment la rétine, nous employons l'appareil représenté ci-contre (fig. 33). Les épreuves successives R B J', R'B J' collées sur des cartons flexibles, sont fixées radialement autour d'un axe qui reçoit un mouvement de rotation dans le sens de la flèche, pendant qu'un

taquet fixe A retient chaque carte au passage et
la maintient pendant un temps suffisant pour être
vue au repos par l'observateur qui regarde en O
les images éclairées par la fenêtre *ff'*. »

IV. PROJECTIONS POLYCHROMES. — On a enfin
imaginé, en Angleterre, un dispositif de lan-

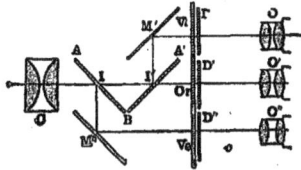

Fig. 34. — Lanternes d'Ives pour projections
polychromes.

terne à trois corps n'utilisant qu'une seule source
de lumière et un seul condensateur C (*fig.* 34).
Les miroirs A B A', M' et M'' partagent en trois le
faisceau lumineux, qui éclaire alors simultanément, au travers des écrans colorés Or, Vc, Vi, les
trois dispositifs B, D', D''. Les images de celles-
ci sont projetées respectivement par les objectifs
O, O', O''. Ce dispositif se prêterait, au besoin, à
l'obtention sur plaque unique, dans une chambre
à trois objectifs, les trois clichés négatifs, l'appareil même servant à la fois de chambre noire
pour la prise des négatifs et de projecteur pour
l'exhibition des images positives. On se rappro-
cherait ainsi beaucoup du dispositif indiqué, en
1886, par M. Lippmann.

V. Brevet Szczepanick. — Nous termine-
rons en publiant un résumé, extrait du journal
La Photographie, d'un des brevets les plus curieux
relatifs à la photographie des couleurs (1) :

« Le *grrrand* inventeur galicien, dont on connaît déjà la mirifique transmission instantanée
des images et la photographie à longue portée
par les fils télégraphiques, qui plus récemment

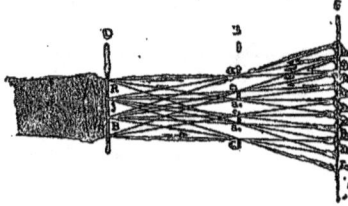

Fig. 35.

annonçait un appareil automatique vous dis-
tribuant, après l'insertion de la pièce de monnaie
obligatoire, un foulard tissé à votre effigie, publie
cette fois un procédé d'allures moins funambu-
lesques que ses précédentes inventions; nous
doutons fort cependant que l'application en soit
beaucoup plus aisément réalisable.

« Si devant une plaque dépolie P (*fig.* 35), sur
laquelle un objectif O, muni d'un diaphragme
quadrangulaire D, projette une image, on dispose

(1) PHOTOGRAPHIE DES COULEURS (287907, 17 *avril* 1899). —
J. SZCZEPANICK : Projection d'images en couleurs naturelles
d'après un négatif monochrome. Nous extrayons ce résumé du
journal *La Photographie*.

une plaque E présentant une série de lignes parallèles ajourées *a c*, on constate que l'image est,
sur le verre dépoli, striée de bandes noires dues
aux ombres des parties pleines de la trame E. Si
cependant on éloigne progressivement E de P, on
trouve une position pour laquelle les bandes
éclairées se rejoignant forment une image nette
ininterrompue. Si, toutes autres choses restant les

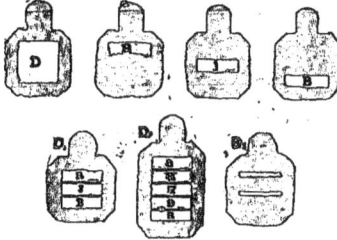

Fig. 36.

mêmes, on substitue au diaphragme D un diaphragme de même largeur mais de hauteur trois
fois moindre, on constate à nouveau la projection
de bandes noires qui occupent sur l'image une
largeur double de celle des bandes éclairées. Si
on substitue successivement à D les trois diaphragmes R, J et B (*fig.* 36) les bandes lumineuses
se déplaceront et seront venues illuminer une
fois, et une fois seulement, chaque point du
tableau P. Si on applique respectivement sur ces
trois diaphragmes R, J, B, des filtres transparents
rouge, jaune et bleu, convenablement choisis, et
que l'on recueille sur une même plaque sensible

disposée en P les trois images tramées enchevê-
trées, l'image définitive se trouvera constituée de
groupes successifs de trois lignes qui chacune
n'ont été impressionnées que par l'une des trois
couleurs fondamentales adoptées. On arriverait
d'ailleurs, plus simplement, au même résultat en
employant au lieu de trois diaphragmes distincts
R J B, un diaphragme unique D_1 dont la hauteur
est partagée en trois bandes colorées R_1 J_1 B_1 (v.
fig. 35 la marche des rayons lumineux formant sur
P les bandes colorées successives b, j, r).

« Si du négatif obtenu on tire une diapositive que
l'on remplace exactement en P, sans avoir en rien
déplacé les autres pièces de l'appareil, et si on
éclaire par derrière cette positive au moyen d'un
condenseur, l'objectif O projette sur la gauche
une image polychrome que l'on peut recevoir sur
un écran et qui, vue d'assez loin, reconstitue les
formes et les couleurs de l'original. (La reconstitution des couleurs s'opérerait alors par un procédé analogue au procédé Joly, par lignes colorées
contiguës.) Il est commode, pour le réglage de
l'épreuve positive, d'utiliser un diaphragme D',
présentant un plus grand nombre de bandes
colorées et que l'on puisse déplacer verticalement
jusqu'à faire tomber exactement chaque nuance
à l'endroit voulu. L'image étant d'autant meilleure que les lignes se suivent de plus près, on
pourrait, avec un même écran tramé E, multiplier
sur l'image le nombre des lignes en remplaçant
chaque ouverture R du diaphragme tricolore par
deux ou plusieurs ouvertures R_1 . »

LE MÉLANOCHROMOSCOPE

DE LOUIS DUCOS DU HAURON (1)

Depuis plusieurs années, M. Louis Ducos du Hauron s'était préoccupé de la construction d'un chromographoscope mettant effectivement à la portée de tous le procédé de photographie indirecte des couleurs imaginé en 1867 par Ch. Cros et par lui ; nous avons décrit ici même un certain nombre de modèles, malheureusement assez compliqués, proposés jusqu'ici par cet auteur ; ses recherches viennent d'aboutir tout récemment à la construction d'un instrument d'une simplicité inouïe que l'on peut considérer, croyons-nous, comme un type définitif.

Comme tous les instruments de ce genre, ce chromographoscope (2) permet l'obtention simultanée des trois négatifs nécessaires, et, particularité avantageuse, produit côte à côte, sur une plaque unique, ces trois négatifs ; si par les méthodes photographiques courantes on développe l'image négative et l'utilise à l'impression d'une image positive transparente, si enfin on dispose cette nouvelle image à la place même qu'occupait la plaque sensible pendant la pose, on aura, en regardant dans l'instrument, la sen-

(1) *Brevet français* n° 288870 (16 mai 1899); *certificat d'addition*, 11 sept. 1899.

(2) Extrait du journal *La Photographie*, 1er mars 1900.

sation parfaite de l'objet polychrome reproduit.

La figure 37 est une vue extérieure de l'instrument, représenté au quart de ses dimensions réelles, dans la position voulue pour la pose; la figure 38 est une coupe schématique montrant la disposition intérieure des divers organes.

Si l'objet à reproduire n'est pas à très grande

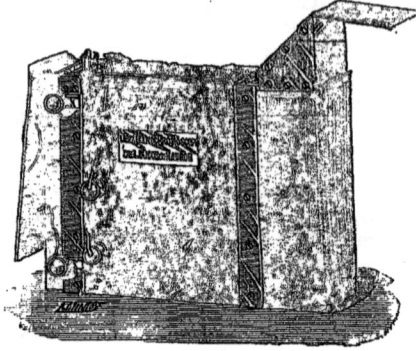

Fig. 37.

distance, on installe en avant de l'appareil une lentille faiblement convergente O, de distance focale égale à l'éloignement du modèle et qui joue le rôle d'une *bonnette d'approche;* les rayons, issus d'un point modèle, qui pénètrent dans l'instrument sont donc parallèles au moment où ils arrivent sur le miroir redresseur M_1. Après la traversée du diaphragme unique D, le faisceau lumineux incident est partagé en trois faisceaux d'inégale intensité qui concourront chacun à la formation d'une des images élémentaires.

Le chromoscope est partagé dans sa hauteur en trois compartiments B, V, R, jouant chacun le rôle d'une chambre photographique, et munis pour cela de trois objectifs O_b, O_v, O_r (1). Vis-à-

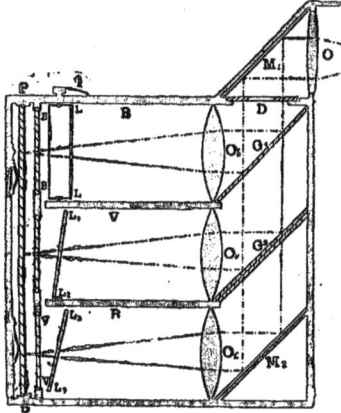

Fig. 38.

vis du premier de ces objectifs et sur le trajet du faisceau de rayons lumineux parallèles qui ont traversé le diaphragme, est disposée en G_1 une

(1) Chacun de ces objectifs est constitué par un seul verre; ces objectifs ne sont donc corrigés d'aucune aberration, ce qui n'a aucune importance, l'image devant être examinée à travers ces objectifs eux-mêmes.

glace sans tain, inclinée à 45°, que traverse librement la plus grande partie de la lumière incidente mais sur laquelle s'en réfléchit cependant une petite fraction ; la lumière ainsi renvoyée sur le premier objectif O_b servira à former la première image ; vis-à-vis le second objectif, une pile de glaces G_2 joue le même rôle, mais, par le plus grand nombre des surfaces réfléchissantes, renvoie latéralement sur l'objectif O_v une quantité de lumière plus considérable. Enfin tout ce qui reste de lumière après la traversée de ces faces transparentes est renvoyé sur le dernier objectif O_r , par le miroir étamé M_2 .

Chacun des trois objectifs ne recevant, d'un point quelconque du modèle, que des rayons parallèles, il suffira de choisir trois objectifs ayant même longueur focale, pour que ces trois objectifs, si leur position est convenablement réglée une fois pour toutes, fournissent leurs trois images dans un même plan ; on peut dès lors recevoir ces trois images distinctes sur une plaque sensible unique P P.

On sait qu'en général un objet réfléchi par une glace à faces parallèles, non étamée, ou étamée à son envers comme le sont les miroirs ordinaires, fournit autant d'images qu'il y a de faces réfléchissantes distinctes.

Cet inconvénient est évité quand l'objet ainsi examiné est infiniment éloigné ou si, comme dans le cas actuel, on a, par une bonnette d'approche, transformé en rayons parallèles le faisceau lumineux divergent émis par chaque point de l'objet. Chaque objectif fournit donc, malgré l'existence

de plusieurs surfaces réfléchissantes, une image
unique du modèle à reproduire.

La reproduction indirecte des couleurs néces-
site, dans chacune des trois chambres photographiques distinctes qui constituent le chromoscope, l'emploi d'un verre coloré convenable : on
sait, en effet, depuis NEWTON, que le mélange en
proportions convenables de trois couleurs pigmentaires ou de trois lumières colorées, choisies à cet
effet, permet de contrefaire à volonté, avec les
plus délicates variations de nuance et d'intensité,
toute couleur donnée, et même les couleurs pures
du spectre solaire; il suffit alors de fusionner
optiquement en une seule trois images photographiques noires, œuvres de trois lumières colorées
différentes, convenablement choisies, et de les
illuminer respectivement par leurs lumières géné-
ratrices, pour reconstituer intégralement la
gamme des colorations du sujet original. .

Les trois lumières colorées nécessaires, bleue,
verte et rouge, sont précisément prélevées dans
la lumière blanche naturelle par l'emploi des
trois verres colorés $b\,b$, $v\,v$, $r\,r$, qui assurent l'identité de coloration de la lumière au moment où
l'on effectue chacun des négatifs et au moment
où l'on éclaire, pour l'examen, l'image diapositive
correspondante.

La lumière bleue agissant plus rapidement que
la lumière verte sur la plaque sensible panchromatique employée, et la lumière verte agissant
elle-même plus rapidement que la lumière rouge,
on doit, pour obtenir une égale intensité des trois
images, fournir aux trois objectifs des quantités

de lumière différentes; mais on a vu que c'était précisément le cas, le miroir M_2 réfléchissant plus de lumière que la pile de glaces G_2 et celle-ci réfléchissant plus de lumière que la glace unique G_1.

Cet effet est d'ailleurs complété par l'emploi d'un diaphragme particulier représenté par la figure 39, et formé d'une pellicule de gélatine jaune évidée; la zone annulaire jaune arrête une grande partie des rayons bleus et laisse passer librement les rayons verts et rouges, augmentant ainsi la proportion de ces derniers dans la lumière incidente.

Dans ces conditions, le temps de pose nécessaire pour la photographie d'un paysage varie suivant l'éclairage, de deux à dix minutes; un portrait à l'ombre pourrait sans diaphragme et par une belle journée d'été, s'obtenir en deux minutes; pour ces poses relativement longues, l'emploi d'un obturateur devient inutile; il suffit d'ouvrir puis de fermer le volet du châssis.

Pour assurer l'installation de la diapositive dans la position exacte qu'occupait la plaque négative, celle-ci porte à l'un de ses angles un repère; on peut ainsi, par l'emploi d'un châssis-presse spécial, repérer exactement les images relativement à deux des côtés des plaques qui toujours viennent buter contre des épaulements fixes de l'appareil.

Pour l'examen des images dans le chromoscope, on remplace le châssis négatif à rideau par un châssis à verre dépoli; on y engage la diapositive dans le sens indiqué par le repère; celle des

images duc à l'action de la lumière rouge vient
ainsi devant le compartiment muni du verre
rouge, et de même pour les deux autres images.
On remplace l'ensemble du miroir redresseur et
de la bonnette par un oculaire divergent (fig. 40)
qui vient occuper exactement la position du
diaphragme.

Les rayons qui arrivent à l'œil de l'observateur
ayant ainsi à faire exactement au retour le même

Fig. 39.   Fig. 40.

trajet qu'ils ont
dû faire à l'aller,
l'image composite
est exempte de
toutes les défor-
mations ou aber-
rations que cha-
cune des images élémentaires peut présenter si
on l'examine directement à l'œil nu ; cette utilisation judicieuse du principe de la réversibilité
permet l'emploi d'objectifs très grossiers, simples
lentilles convexes non corrigées ; il serait donc
le plus souvent impossible de superposer deux
des images ainsi obtenues du même objet
dans deux compartiments différents du même
chromoscope, ou dans deux chromoscopes différents.

Pour permettre cependant l'examen dans un
chromoscope déterminé d'une image obtenue
dans un autre chromoscope, et cela avec une
approximation suffisante, l'auteur a imaginé un
mode de repérage des plus ingénieux qui dispense
des précautions inouïes que devaient prendre
jusqu'ici les constructeurs pour assurer l'identité

absolue de deux instruments dans le cas où l'on voulait interchanger leurs images.

On sait qu'un rayon lumineux traversant une glace à faces parallèles n'est pas dévié en direction, mais est rejeté sur la gauche ou sur la droite d'une quantité a (*fig.* 41) qui croît en même temps que l'angle a d'incidence.

On se rend compte aisément de ce fait en constatant que l'image d'un objet vue au travers d'une glace subit de légers déplacements quand on fait varier l'inclinaison de la glace.

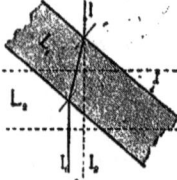

Fig. 41.

Entre chaque objectif et la plaque correspondante, se trouve donc (*fig.* 41) une lame $l\,l$ qui, en général, est disposée parallèlement à la plaque sensible. Si, portant une diapositive dans un chromoscope autre que celui qui l'a fournie, on constate un défaut de réglage, on peut, au moyen de boutons extérieurs munis d'index I (*fig.* 35 et 36), incliner légèrement chacune des lames et modifier la position de l'image correspondante; on arrive aisément ainsi en quelques secondes au repérage parfait de l'image.

Comme au moment de l'examen, l'image rouge, à laquelle on avait dû donner pour la pose une très grande intensité, a cette fois une intensité trop grande, et cela d'autant plus que c'est à cette couleur que l'œil est le plus sensible, on dispose, extérieurement au chromoscope, un jeu de verres fumés, d'opacités assorties, pour éteindre partiellement celles des images dont la nuance domine dans la polychromie résultante, jusqu'à atteindre l'équilibre des trois images, c'est-à-dire le rendu correct de toutes les colorations du modèle.

CONCLUSIONS

L'AVENIR DE LA PHOTOGRAPHIE
DES COULEURS

Parmi les nombreux procédés de photographie des couleurs que nous avons passés en revue, seuls le procédé direct dû à M. G. Lippmann et le procédé indirect, lorsque l'on opère la synthèse au moyen de projections ou d'un chromoscope, en ayant soin d'employer les mêmes écrans pour l'analyse et pour la synthèse des couleurs, sont susceptibles de donner une reproduction absolument fidèle des couleurs de l'original.

Malheureusement, les nombreuses recherches faites depuis 1891 sur le procédé de M. Gabriel Lippmann n'ont abouti qu'à montrer les difficultés ardues qu'on rencontre dans ce procédé, difficultés qui se traduisent, comme nous l'avons vu, par l'inconstance des résultats.

En outre, chaque opération ne donne qu'une image, image qui ne peut servir à tirer de nouvelles copies.

Mais, en réalité, faut-il faire un grief à la photochromie interférentielle de ce qu'elle exige une action spéciale de la lumière pour la production de chaque épreuve ?

« Si la multiplicité a son mérite, dit M. Alcide Ducos de Hauron(1), la rareté a aussi le sien. Qu'on demande à l'heureux propriétaire d'une toile signée par un grand artiste s'il serait bien aise que son tableau eût, de par le monde, des sosies plus ou moins nombreux; sa réponse est connue d'avance, il se récriera de toutes ses forces. Sans doute, la souveraine puissance fait foisonner la rose, surnommée la reine des fleurs; mais cette souveraine puissance a isolé le diamant dans une prestigieuse solitude. »

La méthode de M. G. Lippmann, malgré ses défauts, n'en est pas moins une des plus belles découvertes du siècle, venant apporter une des plus élégantes et des plus solides confirmations aux idées de Fresnel sur la nature de la lumière.

Quant aux procédés de Poitevin et autres, dont la théorie n'a été donnée par Wiener que tout récemment, ils n'ont encore donné aucun résultat bien intéressant au point de vue pratique ; le temps de pose nécessaire pour obtenir une photochromie est très long et l'image obtenue ne peut encore être fixée. Il en résulte qu'il faut attendre de nouveaux progrès pour porter un jugement définitif sur ces essais.

Quant aux procédés indirects, si l'on met à part les projections polychromes et l'emploi des chromoscopes dans les conditions que nous avons indiquées, ils ne fournissent jamais qu'une solution approchée. On ne peut obtenir rigoureusement avec eux les couleurs de l'original ; mais

(1) La triplice photographie des couleurs et l'imprimerie, page 87.

on peut en approcher beaucoup ; il semble qu'il soit difficile d'en approcher plus que ne l'ont fait MM. Lumière avec leur procédé de tirage aux mucilages bichromatés.

Les procédés indirects ont cet avantage, très appréciable, de permettre la multiplication des épreuves, une fois les trois clichés analytiques obtenus ; ils se prêtent en particulier aux impressions photomécaniques ; malheureusement les difficultés qu'on rencontre dans le choix des encres d'imprimerie font que l'on n'a pu encore atteindre par les impressions photomécaniques un rendu aussi fidèle que celui obtenu par les mucilages bichromatés.

Au point de vue industriel, les procédés indirects sont donc — au moins jusqu'à présent — les seuls qui semblent appelés à un avenir industriel brillant.

GLOSSAIRE

Acide chlorhydrique. Liquide corrosif, formé de chlore et d'hydrogène. Quand on remplace l'hydrogène par un métal, on a un chlorure.

Actinique. Adjectif employé pour désigner une lumière susceptible de provoquer une réaction chimique.

Aniline. Liquide incolore quand il est pur, jaunâtre quand il est impur, qu'on extrait des goudrons de houille et qui sert à préparer un grand nombre de matières colorantes dites couleurs d'aniline.

Argent. Métal précieux qui s'unit au chlore pour donner le chlorure d'argent, au brome pour former le bromure d'argent, à l'iode pour donner l'iodure d'argent.

Argent corné. Les alchimistes appelaient ainsi le corps que nous appelons aujourd'hui chlorure d'argent.

Bichromate de potasse. Sel rouge, formé de gros cristaux vénéneux solubles dans l'eau. Mélangé à une substance colloïde, celle-ci devient insoluble quand on l'expose à la lumière.

Bromure. Combinaison de brome et d'un métal. Le bromure d'argent qui prend naissance quand on verse une solution d'azotate d'argent dans une solution de bromure de potassium est un sel blanc jaunâtre, insoluble dans l'eau, sensible à la lumière qui le colore en gris.

Chlore. Gaz verdâtre.

Chlorure. Combinaison de chlore et d'un métal. Le chlorure d'argent est un corps blanc qui noircit à la lumière.

Chlorophylle. Matière colorante verte des feuilles.

Ciré (Papier). Papier enduit de cire vierge pour en boucher les pores.

Cliché. Ce mot, impropre bien que consacré par l'usage, désigne l'image photographique obtenue à la chambre noire, image qui sert de *type négatif* permettant de tirer un très grand nombre d'épreuves positives. Avant l'invention de la photographie, ce terme servait à représenter l'empreinte en métal ou en matière plastique d'un objet en relief, et formant moule pour une quantité indéfinie d'épreuves semblables. Cette propriété de fournir des épreuves identiques à elles-mêmes et en nombre très considérable, dans les deux cas, est certainement la cause qui a fait détourner ce mot de son sens primitif. Les Congrès internationaux de photographie ont proposé de lui substituer le terme, plus exact, de *phototype*, qui ne semble pas avoir été universellement accepté.

Collodion. Solution de coton-poudre dans un mélange d'alcool et d'éther.

Colloïdes (Substances). Nom générique de substances agglutinantes, non cristallines, d'origine organique : gomme arabique, gélatine, amidon, dextrine, etc. Ces substances imprégnées de bichromate de potasse perdent à la lumière la propriété de se dissoudre dans l'eau.

Coton-poudre ou Pyroxyle. Combinaison de cellulose et d'acide azotique.

Cyanine ou bleu de Quinoléine. Matière colorante bleue formée de cristaux prismatiques à reflets dorés.

Émulsion. Collodion ou gélatine à l'intérieur desquels on a formé un sel sensible d'argent, bromure ou iodure (émulsion au collodio-iodure, émulsion au gélatino-bromure).

Éosines. Groupe de matières colorantes dérivées de la fluorescéine et dont les principales sont : l'éosine proprement dite, l'éthyléosine, la céruléine, l'érythrosine, la galléine, le rose bengale, etc.

Éther. Milieu hypothétique de faible densité, parfaitement élastique, dont la conception permet d'expliquer la plupart des phénomènes lumineux et électriques. L'éther répandu dans tous les corps, dans le vide même, transmettrait les ondes lumineuses ou électriques comme l'air transmet les ondes sonores.

Fluorescéine. Poudre cristalline d'un rouge brique qui s'obtient en chauffant à 200° un mélange de phtaléine et de résorcine et qui sert à préparer les éosines.

Gélatine. Substance colloïde, incolore, transparente, qu'on tire des os et des raclures de peaux. Se gonflant dans l'eau froide, soluble dans l'eau chaude, la gélatine est rendue insoluble par les aluns.

Gélatino-bromure d'argent. Gélatine tenant en suspension des grains de bromure d'argent. On prépare l'émulsion au gélatino-bromure d'argent en mélangeant deux solutions de gélatine additionnées l'une de bromure de potassium, la seconde d'azotate d'argent.

Interférences. Lorsque deux mouvements vibratoires se rencontrent ils s'ajoutent ou se retranchent selon qu'ils sont tous deux de même sens ou de sens contraire. En ce dernier cas, ils se détruisent s'ils ont la même intensité. C'est ainsi que la rencontre de deux sons peut produire le silence, de deux lumières l'obscurité.

Isochromatique. De même sensibilité vis-à-vis des diverses lumières colorées constituant la lumière blanche du soleil.

Mercure. Métal liquide à la température ordinaire, opaque, se solidifiant à 40° ; la surface libre d'une couche de mercure forme un miroir parfait.

Monochrome. D'une seule couleur.

Mordant. Substance susceptible de fixer une matière colorante sur un papier, une étoffe, etc.

Panchromatique. Nom donné à des plaques photographiques présentant vis-à-vis des diverses couleurs du spectre les mêmes sensibilités relatives que notre œil.

Phosphorescence. Propriété que possèdent la plupart des corps d'emmagasiner de l'énergie sous une forme quelconque et de la restituer sous forme de lumière visible ou non. Les énergies lumineuse, mécanique, électrique, etc., peuvent également provoquer la phosphorescence ; quand celle-ci est de courte durée, on lui donne le nom de fluorescence.

Comme en réalité il n'y a pas de limite bien nette entre les phénomènes de phosphorescence et de fluorescence, on a pris l'habitude de les désigner indistinctement par un seul terme : luminescence.

Photocopies. Images obtenues en insolant du papier sensible sous un cliché négatif.

Polychrome. De plusieurs couleurs.

Prisme. Morceau de verre ayant la forme du solide géométrique appelé prisme et servant en optique à décomposer la lumière solaire en ses lumières colorées.

Rétine. Membrane sensible, située au fond de l'œil, sur laquelle s'épanouissent les terminaisons du nerf optique.

Triphénylméthane. Carbure d'hydrogène, duquel dérivent nombre de matières colorantes.

BIBLIOGRAPHIE

Nous recommandons à ceux de nos lecteurs qui désireraient approfondir l'étude du passionnant problème de la photographie des couleurs, la lecture des ouvrages suivants :

G. H. Niewenglowski et A. Ernault. — *Les Couleurs et la Photographie.* Reproduction photographique directe et indirecte des couleurs; historique; théorie ; pratique, ouvrage illustré de 103 figures et de 9 planches hors texte, dont deux en couleurs. Paris, Société d'éditions scientifiques.

L. P. Clerc, préparateur à la Faculté des Sciences de Paris. — *La Photographie des couleurs,* un volume de l'Encyclopédie scientifique des Aide-Mémoire. Paris, Gauthier-Villars et Masson, éditeurs.

Drouin (P.). — *Photographie des couleurs.* Procédés par impressions en couleurs fondamentales. Obtention des clichés. Obtention des épreuves. Projections en couleurs. Chromoscopes. Méthode interférentielle. Procédés divers. Paris, Ch. Mendel, éditeur.

Naudet (G.). — *La Photographie des couleurs à la portée de tous.* Paris, H. Desforges, éditeur.

TABLE DES MATIÈRES

LA PHOTOGRAPHIE DES COULEURS

NOTIONS GÉNÉRALES SUR LES COULEURS

Spectre solaire. — Décomposition et recomposition de
la lumière. — Mélange des couleurs spectrales. —
Couleurs spectrales complémentaires............ ...   5

COULEURS DES CORPS

Couleurs par absorption. — Couleurs pigmentaires. —
Mélange des couleurs pigmentaires. — Couleurs fondamentales. — Couleurs dues aux interférences.....   13

NOTIONS GÉNÉRALES DE PHOTOGRAPHIE

Principes de la photographie. — Procédé au gélatino-
bromure. — Impressions photochimiques. — Impressions photomécaniques............................   20

ACTION DES COULEURS SUR LES PLAQUES
PHOTOGRAPHIQUES

Les plaques ordinaires interprètent faussement les couleurs. — Procédé de la triple pose du professeur
Lippmann. — Orthochromatisme. — Plaques de sensibilité colorée, analogue à celle de l'œil...........   34

LE PROBLÈME DE LA PHOTOGRAPHIE DES COULEURS

Classification des diverses solutions. — Procédés directs.
— Procédés indirects.............................   46

PREMIÈRES RECHERCHES RELATIVES
A LA PHOTOGRAPHIE DES COULEURS

Observations antérieures à Daguerre : Seebeck, Wollaston, Davy. — Recherches de Daguerre. — Expériences de Hunt..................................... 50

EXPÉRIENCES DE BECQUEREL.

Préparation des plaques sensibles au moyen du courant électrique. — Photographie colorée du spectre solaire. 55

EXPÉRIENCES DE NIEPCE DE SAINT-VICTOR

Recherches de Niepce de Saint-Victor. — Influence du mode de préparation du sol sensible. — Essais de fixage des épreuves. — Théorie de la formation des couleurs dans le procédé Becquerel : hypothèses d'Arago, de Ross. — Idées de Tillmann............. 61

LA DÉCOUVERTE DE M. LIPPMANN

Solution définitive du problème de la photographie directe des couleurs. — Emploi d'un miroir de mercure. — Application des phénomènes d'interférence. — Causes des insuccès de Becquerel, relatifs à la fixation des couleurs.................................. 69

EXPÉRIENCES POSTÉRIEURES A LA DÉCOUVERTE
DE M. LIPPMANN

Recherches de MM. Lumière. — Expériences de M. de Saint-Florent. — Délicatesse du procédé Lippmann. — Mode d'examen des photochromies............. 77

PHOTOGRAPHIE DIRECTE DES COULEURS
PAR PEINTURE D'UNE COUCHE SENSIBLE SOUS L'ACTION DE LA LUMIÈRE

Recherches de Poitevin, de M. de Saint-Florent, de Ch.

Cros. — Idées de Wiener sur ces procédés. — Recherches de M. Em. Vallot. — Essais de fixage par M. le
capitaine Colson.................................   85

HISTORIQUE DE LA PHOTOGRAPHIE DES COULEURS

Charles Cros et Louis Ducos du Hauron, inventeurs de la
photographie indirecte des couleurs. — Critiques de leurs
contemporains. — Une invention française. — Avenir
réservé aux inventeurs en France..................   97

LA PHOTOGRAPHIE INDIRECTE DES COULEURS

Principe de la méthode. — Tirage des couleurs : emploi
d'un appareil à un seul objectif, à trois objectifs. —
Polyfolium chromodialytique. — Chromoscope de
M. Zink...   111

SYNTHÈSE TEMPORAIRE DES COULEURS

Chromoscopes Zink, Wachet. — Héliochromoscope Ives.
— Stéréochromoscope Niewenglowski. — Projections
polychromes. — Procédé Lumière..................   118

SYNTHÈSE DURABLE DES COULEURS

Principe de l'antichromatisme. — Polychromies au charbon, par hydrotypie. — Procédé Lumière. — Procédé
Géo Richard.....................................   129

LA PHOTOGRAPHIE INDIRECTE DES COULEURS
PAR IMPRESSIONS PHOTOMÉCANIQUES

Impressions trichromes au moyen de la photocollographie
de l'héliogravure, de la phototypogravure. — Essais de
Quinsac, à Toulouse. — Travaux de M. Prieur, à
Puteaux...   143

OBTENTION DE POLYCHROMIES PAR L'EMPLOI
COMBINÉ DE LA PHOTOCHROMIE INTERFÉREN-
TIELLE ET DE LA PHOTOCHROMOGRAPHIE...... 150

TRIAGE DES COULEURS OBTENU SUR UNE SUR-
FACE SENSIBLE UNIQUE......................... 153

APPAREILS RÉCENTS POUR LA PHOTOGRAPHIE
DES COULEURS................................. 155

LE MÉLANOCHROMOSCOPE DE LOUIS DUCOS DU
HAURON....................................... 169

CONCLUSIONS............... 178

GLOSSAIRE.. 181

BIBLIOGRAPHIE................................... 185

PARIS. — IMP. P. MOUILLOT, 13, QUAI VOLTAIRE. — 88823.

LES LIVRES D'OR DE LA SCIENCE

BULLETIN DE SOUSCRIPTION

Je soussigné ....

demeurant à ....

rue .... N° ....

déclare souscrire aux **douze** *volumes de la 2ᵉ série*

des **Livres d'Or de la Science,** *qui me seront*

envoyés franco, en échange du mandat-poste

de (1) .... *francs, que je joins à la présente.*

SIGNATURE

Date : ....

---

(1) PRIX DE SOUSCRIPTION AUX 12 VOLUMES DE LA 2° SÉRIE

Pour Paris : **10** francs;
Pour Départements et l'Étranger : **12** francs.

LES

LIVRES D'OR DE LA SCIENCE

Petite Encyclopédie Populaire Illustrée

DES SCIENCES, DES LETTRES ET DES ARTS

ÉDITION SOIGNÉE ET LUXUEUSE EN FORMAT PETIT IN-18

Chaque volume de 192 pages environ, avec nombreuses illustrations
dans le texte et planches hors texte
et en couleurs, autant que le sujet le permettra.

Prix : UN franc.

PRINCIPALES DIVISIONS DE LA COLLECTION

1. Section Zoologique.
2. Section Botanique.
3. Section Géologique et Minéralogique.
4. Section Paléontologique.
5. Section d'Histoire naturelle.
6. Section des Sciences générales.
7. Section des Sciences appliquées.
8. Section Agronomique.
9. Section Médicale, Anatomique et Physiologique.
10. Section de Chimie.
11. Section de Physique.
12. Section Astronomique.
13. Section des Mathématiques.
14. Section Anthropologique.
15. Section de Linguistique.
16. Section Ethnographique.
17. Section Sociologique.
18. Section des Mœurs, Coutumes et Institutions.
19. Section Philosophique.
20. Section de Philosophie historique.
21. Section Psychologique.
22. Section Mythologique et des Religions.
23. Section des Sciences occultes.
24. Section d'Économie politique.
25. Section d'Économie sociale.
26. Section d'Économie domestique.
27. Section Industrielle et Commerciale.
28. Section Géographique.
29. Section des Voyages et Découvertes.
30. Section Historique.
31. Section Littéraire.
32. Section Artistique.
33. Section de l'Architecture.
34. Section Archéologique.
35. Section Préhistorique.
36. Section de l'Ameublement.
37. Section des Arts Industriels.
38. Section des Professions et Corps de Métier.
39. Section Juridique.
40. Section de l'Art militaire.
41. Section Coloniale, etc.

www.ingramcontent.com/pod-product-compliance
Lightning Source LLC
Chambersburg PA
CBHW031326210326
41519CB00048B/3360